バランス・ドッグマッサージ・ハンディテキスト

もっと！愛犬に近づくための
3つのテクニック

日本ドッグホリスティックケア
協会名誉顧問
松江香史子

「犬の7つの権利」と短いメッセージ

私たち人間と長くくらしてきた犬たちには

「心地よい寝床と必要な水と食べ物を与えられる」権利(①)があります。
「十分な運動と、十分な楽しみを与えられる」権利(②)があります。
「愛する飼い主と特別な時間を過ごす」権利(③)があります。
「新鮮な空気を吸い、土や草を踏みしめる」権利(④)があります。
「人間社会の中でどのようにふるまったら良いかを教わる」権利(⑤)があります。
「犬として犬らしくふるまう」権利(⑥)があります。

臭い嗅ぎをすることもあります。
庭を掘ることもあります。
吠えることもあります。
それは彼らが犬だからです。
そして、

「不必要な苦痛を味わうことなく天国に旅立つ」権利(⑦)があります。

　バランス・ドッグマッサージを生活に取り入れると、犬の体をよく観察できる様になり、体の状態が心の状態を反映していることがよく理解できる様になります。犬の心と体についての感受性が強くなり、愛犬との絆がいままで以上に強くなるでしょう。
　また、みな様自身もバランス・ドッグマッサージを行うことで血行が良くなるなど、リラクゼーション以上の効果を実感できるでしょう。そして、愛するあなたの犬は、あなたの心が落ち着いているのを感じ取り、安心して毎日を過ごすことができる様になるのです。

「犬の7つの権利」と短いメッセージ …… 3

もくじ …… 4

I バランス・ドッグマッサージの理論編 …… 7

バランス・ドッグマッサージを知ろう …… 8

1 バランス・ドッグマッサージの効果（できること） …… 8
こんな効果が期待できる …… 8
〈行動編：行動の変化〉 …… 9
〈体調編：体調への影響〉 …… 10

2 バランス・ドッグマッサージで整う3つのこと …… 11
2-1. 犬の心のバランス …… 11
2-2. 犬の体のバランス …… 13
2-3. 犬と飼い主の関係のバランス …… 16

3 大別される3つのテクニック …… 18
3-1. ハンドテクニック …… 18
　筋肉とは …… 19／皮膚とは …… 20／毛ヅヤとは …… 21
　骨とは …… 22／筋膜などの膜組織（facia）とは …… 23／体液とは …… 24
3-2. ポスチャーテクニック …… 25
　頭、口元、瞳 …… 25／前脚、背骨、腹部、後ろ脚 …… 26
　しっぽ、後ろ半身、歩行 …… 27／3つのテクニックの使い方 …… 28
3-3. ルーステクニック …… 28

4 松江式犬のストレス解釈法 …… 32
4-1. 犬にとってのストレスとは …… 32
4-2. 犬が求めている「犬の生活」 …… 33

4-3. ストレスによる心と体の変化（ストレス反応）……34
4-4. 理性の器 ……35

コラム：犬は子どもなの？ ……36

4-5. 「理性の器」があふれた「4つの反応」……38
4-6. 「理性の器」を知ると、「問題行動」が変わる ……39
4-7. しつけを楽にするための「理性の器」……40

ワーク：やってみよう　ドキドキワーク ……42

5　マッサージをする前に ……43

必要な準備 ……43／何分行うか ……44／行う時間帯 ……44

II　バランス・ドッグマッサージの実践編 ……45

各テクニックを学ぶ前に ……46

1　ハンドテクニック　ほぐす ……47

1-1. リリース ……48
基本的な手の動き ……48／手の使い方のバリエーション ……48
犬の姿勢と手の使い方 ……50

1-2. フレックス ……51
目的と効果 ……51／部位別のフレックスマッサージ ……51
基本的な手の動き ……52／手の使い方のバリエーション ……52

1-3. スキンローリング ……53
目的と効果 ……53／手の使い方のバリエーション ……53
犬の姿勢と手の使い方 ……54

1-4. ストローク ……55
目的と効果 ……55／基本的な手の動き ……55／犬の姿勢と人の位置 ……56

1-5. イヤーマッサージ ……57
目的と効果 ……57／犬の姿勢と手の使い方 ……57

2 ハンドテクニック　身体意識を高める …… 58

2-1. コンシャステクニック …… 59
A.基本のコンシャス …… 59 ／ **B.**線でつなぐコンシャス …… 60
C.点でつなぐコンシャス …… 61 ／ **D.**骨格にアプローチするコンシャス …… 62

2-2. スネークタッチ …… 63　背中としっぽをつなぐマッサージ …… 63

2-3. ウェーブモーション …… 66　歩ける様にするマッサージ …… 66

2-4. スタンディングウェーブ …… 68

コラム：後ろ脚としっぽと後ろ半身 …… 70

III タイプと目的に応じた ケーススタディ …… 73

1 コミュニケーションとしてのバランス・ドッグマッサージ …… 74

2 シニア犬へのバランス・ドッグマッサージ
（歩行のためのケア、ヘルニアの犬にも）…… 76

3 無駄吠え、怖がり犬へのバランス・ドッグマッサージ …… 79

4 しつけの質を高めるためのバランス・ドッグマッサージ
（興奮しやすい犬にも）…… 82

5 スポーツドッグのためのバランス・ドッグマッサージ …… 84

コラム：「犬が犬らしくふるまうこと」の大切さ …… 87

付録：理解を深めるワークブック …… 91
セルフチェックシートの使い方 …… 103 ／ セルフチェックシート …… 104

あとがき …… 105

I

バランス・ドッグマッサージの理論編

> **バランス・ドッグマッサージを知ろう**
>
> 　バランス・ドッグマッサージを施す上で知っておきたい基礎的な考え方、犬の気持ちやストレスと体調、老化による体の不調、良好なマッサージを行うための犬との信頼関係について学びます。
> 　マッサージのテクニックだけでは犬を健康にすることはできませんし、犬との心のつながりを感じることはできません。本書をしっかりと読み込んで、バランス・ドッグマッサージの全体像と犬の気持ちについて理解を深めましょう。

1

バランス・ドッグマッサージの効果（できること）

まず、バランス・ドッグマッサージとは何か、全体像を学びます。
普通のマッサージと異なる考え方がたくさん出てきます。
楽しみながらていねいに読み進めてください。

◎こんな効果が期待できる

　バランス・ドッグマッサージを施術すると、
「●●ちゃん、変わったね」と言われることがよくあります。
その変化は多岐に渡りますが、
その一例を確認しましょう。
合わせてバランス・ドッグマッサージの
体調への影響も確認しましょう。

〈行動編：行動の変化〉

- 怖がり解消
- 無駄吠えがなくなる
- いたずらが減る
- リードを引っ張らなくなる
- 飛びつきがなくなる
- 緊張せずにリラックスできる様になる
- 触られるのが平気になる（人の手がきらいだった場合）
- 外を歩ける様になる（以前は怖くて歩けなかった場合）
- アイコンタクトができる様になる
- 人なつっこくなる
- 来客があっても静かにしていられる様になる
- 人の話が聞ける様になる
- 雷、花火に対するパニックの緩和

※犬とのくらしの中でしつけは重要ですが、バランス・ドッグマッサージを行うと"不必要な"しつけをせずに済む様になります（最低限のしつけで済むので飼い主の負担が減ります）。

〈体調編：体調への影響〉

- **老化防止**（内臓、運動機能を若く保つ）
- **血行促進**
- **さまざまな病気の予防**（老廃物の除去、代謝の促進）
- **自然治癒力を高める**
- **自律神経バランスを整える**（各種内臓への好影響）
- **毛ヅヤが良くなる**
- **お通じが良くなる**
- **歩くのが楽になる**（関節が楽になる）
- **痛みの緩和**
- **呼吸が深くなる**
- **運動後の筋肉の維持**
- **車酔いの軽減**

※上記の変化、影響は一例です。愛犬の日ごろの行動や体調をていねいに観察することで、上記以外の変化にも気づいてあげましょう。そのために、まずバランス・ドッグマッサージを始める前（現在）の状態をよく把握しておきましょう。

2

バランス・ドッグマッサージで整う3つのこと

前述の様に、バランス・ドッグマッサージを施術することで、犬の心と体にはさまざまな変化が見られます。これらの効用を、次の様に大きく3つに分けて解説していきます。

2-1

犬の心のバランス

犬の心のバランスについて考えたことがありますか？
心のバランスが安定している犬とはどんな犬でしょうか？

次の記述のうち、心が安定していると思う犬については○、
心のバランスが崩れていると思う犬には✕を付けてみてください。

① 来客に興奮して、飛びつきがおさまらない	（　）
② 玄関のチャイムに対して吠え続けている	（　）
③ 前足先を咬んだりなめたりしていることが多い	（　）
④ そわそわして落ち着いて座ることができない	（　）
⑤ 手を近づけるだけで咬みつく	（　）
⑥ 物を壊したり、吠えたりすることなく留守番ができる	（　）
⑦ 散歩の途中に立ち寄った店先につないでおくことができる	（　）
⑧ 外出中、車やバッグの中で眠ることができる	（　）
⑨ 慣れない場所でも、落ち着いて立っていられる	（　）
⑩ 散歩中も飼い主の声が聞こえている	（　）

これらの短い記述だけでは完全にどちらであるかは判定できないものの、①〜⑤は心のバランスが崩れていると考えられ、⑥〜⑩は心が安定していると考えることができます。

　つまり、バランス・ドッグマッサージでは、刺激を受けたりストレスがかかったとしても、いつも通り冷静でいられる犬は、心が安定しており、ちょっとした刺激やストレスで我を失ってしまう様な犬は、心のバランスが崩れていると考えます。

◎**刺激・ストレスがある状態**

心が安定している犬
↓
いつも通り冷静

心のバランスが崩れている犬
↓
我を失う

　愛犬の日常生活を観察して、ちょっとした刺激で冷静さを欠いているように感じたら、バランス・ドッグマッサージで心のケアを行い、心穏やかな毎日を過ごさせてあげましょう。

　心穏やかな毎日を過ごせる様になることで、前述の＜行動編＞（P.4）にある様な変化をもたらすことができる様になります。

2-2
犬の体のバランス

　体のバランスについては、心のバランスよりも理解しやすいでしょう。犬は4本の脚で立ち、歩いていますが、前脚に体重の6割以上を掛けています。しかし、後ろ脚をあまり使わず、体重のほとんどを前脚に掛けている犬も多いのです。例えば、ひざを曲げたまま歩いている大型犬や、うさぎの様に後ろ脚を揃えて弾む様に歩いているダックスフントも後ろ脚を上手に使えていない犬だといえます。

　また、前脚、後ろ脚の左右の使い方を観察してみると、いずれかの脚が上がっていなかったり、内側に入るように蹴っていたり、蹴り返したときの肉球の見え方が左右で異なっていることがあります。けがや関節の不調などで、左右のバランスが悪いこともあれば、その犬の体の使い方のくせでバランスが悪いこともあります。

　バランス・ドッグマッサージで整える「体のバランス」は体重の掛け方や脚の使い方だけではありません。血行や代謝のバランスも含まれます。例えば、夏に後ろ脚のつけ根は熱いのに、耳先や足先が冷たい犬がいます。人間同様冷房によって夏でも末端が冷えているなど冷え症の犬がいるのです。そのほか、代謝不良で皮膚が硬くなっている犬もいます。筋肉が硬くなるのも同様です。

　バランス・ドッグマッサージでは、筋肉や皮膚の「硬さ」を見つけ、手でほぐしたり、犬が無意識で行っているアンバランスな体の使い方を見つけ、体を意識して使える様マッサージを施すことで全体のバランスを整えていきます。

　また、心のバランスと体のバランスはリンクしています。心のバランスが崩れやすい犬は脚の使い方がぎこちなかったり、筋肉に緊張が見られることがあります。この様な犬は、バランス・ドッグマッサージで、体を整えることで心のバランスも良好に整ってきます。

◎愛犬の体をチェックしよう

A

- ☑ 後ろ脚をうさぎの様に左右を揃えたままピョンピョンと歩く

- ☑ 前脚の左右の幅が広く、後ろ脚の左右幅が狭い

- ☑ 触ろうとするとすぐ座ってしまう

- ☑ 頭を垂らした様にしてとぼとぼと歩き、**しっぽがだらん**として力が入っていない

※いずれかに当てはまれば、後ろ脚を上手に使えていない可能性がある

B ☑ 耳先が冷たい ☑ 足先が冷たい

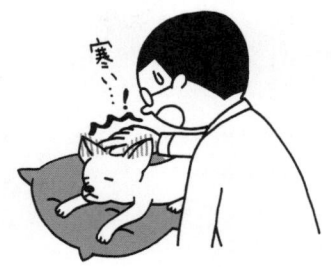 

C ☑ 首や肩の周りが硬い ☑ 背骨が猫背の様に
　　　　　　　　　　　　　　曲がっている部分がある

☑ お腹が硬い ☑ 口をギュッと
　　　　　　　　　閉じていることが多い

※ストレスから体が硬くなっている可能性がある

2-3
犬と飼い主の関係のバランス

　犬と飼い主の間にある関係のバランスを考えたことがありますか？

　「犬」という言葉に抵抗を感じるかどうかがドッグマッサージ・セラピストの間で話題になったことがあります。抵抗を感じるのは、「犬畜生」「負け犬」「〜の犬（従属しているという意味）」という様に「犬」という言葉が良くない意味を含むことが多いからだという意見がありました。

　一方、「犬」そのものが大好きなので、「犬」と言われてもなんら抵抗はない、という意見もありました。

　一時、犬のことを「パートナー」と呼ぶ言い方が流行りました。また、飼い主のことを「オーナー」と呼ぶ言い方は定着してきているようです。「パートナー」とは本来、対等な関係を意味し、「オーナー」は所有者という意味です。

　「犬」という言葉をどう受け取るのか、「犬」に代わる言葉としてどの様な言葉がしっくりくるのか、本書で学ぶみな様も考えてみると良いでしょう。

　犬は、飼い主に安心できる存在でいて欲しいと思っています。寝床、食事だけでなく、遊びや会話にも時間を費やし、庇護してくれる人間を求めています。粗雑に扱われるのは苦痛ですし、対等な関係を求められても荷が重いでしょう。また、犬は人間の赤ちゃんの様に扱われるのもストレスになりますし、心配し過ぎる飼い主とくらすのも楽しくはないでしょう。

　読者のみなさんは「自分のわんこのことが**かわいくてかわいくて**しょうがない！」という人がほとんどだと思います。愛する我が犬のことをとても大切にしていることでしょう。

愛犬をとても大切にしている人が陥りやすい、不安定なバランスの関係例を下記に紹介します。自分や家族、友達の犬の愛し方を思い浮かべながら、次の記述を読んでみてください。

① この子がいなくなったら
私の存在意義がなくなってしまう（自分も死んでしまいそうだ……）

② この子の「美しさ」または「賢さ」が自慢でならない

③ 人間関係がうまくいかなくても、この子さえいれば幸せに生きていける

④ かわいいリードや首輪を揃えるのが趣味だ

⑤ 犬と流行りの場所へ出かけるのがかっこいいと思う

　①～③は、飼い主が犬に依存している関係だと考えられ、④～⑤は、飼い主が保護者であることへの意識が薄い関係だと言えるでしょう。どちらにしても、飼い主が犬を犬として尊重（筆者の考える「犬の権利」、P.3参照）することで、犬たちは心地が良く、ストレスの少ない毎日を過ごすことができることを知っておきましょう。

3
大別される3つのテクニック

バランス・ドッグマッサージには多種多様なテクニックがありますが、「ハンドテクニック」「ポスチャーテクニック」「ルーステクニック」の大きく3つに分類することができます。

3-1 ハンドテクニック

　手で犬の体に触れて行う施術テクニックを「ハンドテクニック」と言います。この「ハンドテクニック」に分類されるテクニックは10種類以上ありますが、これらは「ほぐすマッサージ」と「意識させるマッサージ」に分けることができます。本書では、その中から主なテクニックを紹介し、家庭でのマッサージを習得することを目指します。
※全てのテクニックを学ぶには、専門家養成講座をおすすめしています。

◎ほぐすテクニック

ほぐすテクニックは、一般的なマッサージのイメージにも近いもので、筋肉を柔らかくほぐしたり、硬くなった皮膚やお腹をほぐし、体の動きを楽にします。また、血行や代謝を促す目的で行います。

◎意識させるテクニック

上手に使えなくなった脚やしっぽに意識を持たせたり、無意識のうちに緊張している肩や太ももに意識を持たせて力が抜ける様にします。犬自身がまんべんなく体の輪郭、体の動かし方に意識が向くことを目的に行います。

筋肉とは

　ほど良い弾力があるのが良い筋肉です。また、筋肉は骨をしっかりと支え、体を形作るものでもあるので、筋肉量が少ないと関節を痛めたり、早い時期に歩行が不安定になったりします。さらに、筋肉は体のエネルギー（熱）を作り出す役割をしているとも考えられています。良い筋肉を維持することは、関節を健康に保つだけでなく、健康的な若さを保つために重要です。

確認ポイント

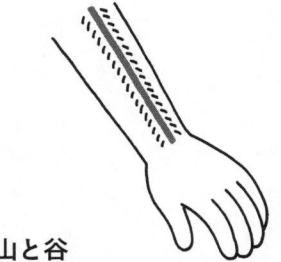

・山と谷

筋肉は山、経路は谷。バランス・ドッグマッサージでは、山をほぐす。何が山で何が谷か、背中や脚で確認し、理解すること。

・方向

筋肉がどの様な方向でついているかを手で感じ取れるようになること。

・張り

パンパンに張っている様に感じられる状態。筋膜が硬くなり、老廃物が流れづらくなっている。放置すると凝りになることも。

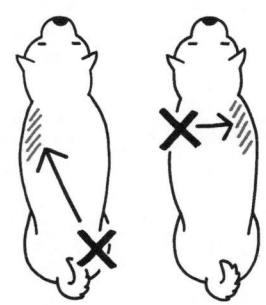

・左右の量

理論上では、故障箇所には筋肉が少なく、それを補う箇所に筋肉が多くつく。左右のバランスは必ず手で触って確認すること。補って筋肉量が増えている箇所は、張りが見られることが多い。

皮膚とは

　子犬の皮膚は柔らかく、病気がちな犬の皮膚は硬いものです。体調の良し悪しは、皮膚にも現れます。皮膚の硬くなった部分を柔らかくほぐすことで、体調を整えることができます。また、皮膚を柔らかくすることは、ツボが存在する経絡の流れを良くすることにもつながっています。ツボ押しマッサージは、ツボを探すのが難しかったり、敏感な犬は押す刺激に抵抗を感じて飼い主との信頼関係が崩れることもあります。犬にとって心地の良いバランス・ドッグマッサージの皮膚への施術で、経絡の流れ、リンパや血液の流れを良好にしてあげましょう。

---------------- **確認ポイント** ----------------

・硬さ

硬い皮膚は上手につまむことができません。ゴソッとかたまりでしか掴めなかったり、皮膚の伸びが不足していたり、体に張りついてつまめなかったりします。いずれも体調不良の現れです（首肩周辺：心肺、背中中央：消化器、腰周辺：泌尿器・生殖器）。肥満による脂肪沈着で、パツパツになって皮膚がつまめないこともあります。そういった場合は、代謝が落ちて、肥満が肥満を呼ぶ状態になってしまっていますので、皮膚が柔らかくつまめる様に施術します（ダイエットの補助になります）。

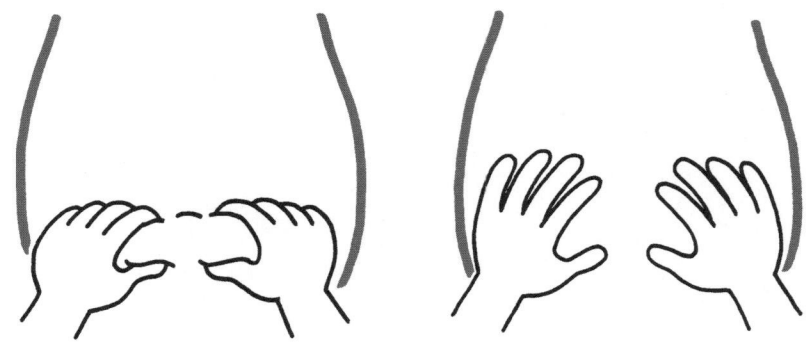

毛ヅヤとは

　毛ヅヤは生命力のバロメーターと考えます。バランス・ドッグマッサージを上手に施すことで、心身ともに状態が良くなる結果、毛ヅヤが良くなります。毛ヅヤに注意を払い、その変化に気づくことが大切です。

―――― 確認ポイント ――――

・ツヤ

見た目にも生き生きとしたツヤがあるのが良い毛ヅヤです。

・感触

パサパサしていたり、ゴワゴワしていたりするのは毛ヅヤが落ちている証拠です。パサパサごわごわしている箇所は、皮膚も硬くなっていることが多いものです。皮膚のマッサージも合わせて行う様にします。犬種に応じた程良いコシと潤いを感じる様なソフトな触り心地が良い毛ヅヤです。

骨とは

　骨は体の軸であり、構造の中心であると考えます。ですから、良いドッグマッサージ・セラピストは、犬がどの様な体勢になっていても、その骨が透けて見るものです。骨が透けて見える様になると、犬のアンバランスな歩行、体の使い方を見抜くことができますので、見立てもスムーズにできます。また、関節の病気に関しては獣医師の治療になるので、獣医師に動かしても良いか、触っても良いかを聞き、主治医の治療方針を尊重してバランス・ドッグマッサージを行うことが大切です。

---------------- **確認ポイント** ----------------

・歩行時

背骨、肩（肩甲骨）、四肢、しっぽの骨の動きを見る。

・関節手術後

リハビリやメンテナンスのためにバランス・ドッグマッサージを行う。骨だけに注目するのではなく体の輪郭を意識させたり、筋肉の状態を手で確認したり、姿勢を整えたり、総合的な施術を行うこと。手術した関節以外の箇所の施術が思わぬ効果をもたらすことがある。
例）左膝関節の手術を行った犬への施術、背中全体をほぐし、しっぽの意識をもたせる様にしたら、良く歩ける様になった等。
※同じ手術でも犬によって必要な施術は異なります。

・関節

スムーズに動いていない場合、関節周辺組織のこわばりがあると判断できる（触っても良いのかどうか、獣医師の診断に従うこと）。

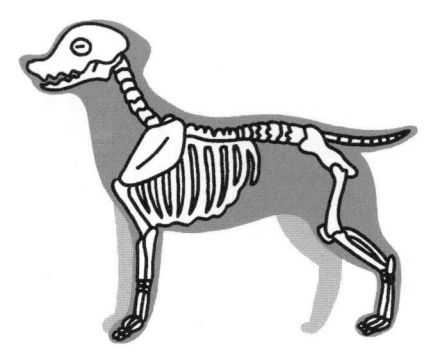

筋膜などの膜組織（facia）とは

　筋膜は筋肉を包んでいる組織です。主にコラーゲンと水でできている膜で、腱や靭帯も筋膜が寄り集まったものです。また、筋膜はいわゆる膜組織の一つで、腹膜や脳膜などともつながり、内臓や神経の位置を安定させる様に包んでいます。筋膜をはじめとするこれらの膜組織は、体を裏打ちする様に一つにつながっています。セーターなどのニットが一箇所ほつれるとほかの場所もほつれてしまう様に、筋膜も一箇所硬くなったら、体のほかの場所にも影響することを理解しておくことが大切です。

確認ポイント

・筋膜

筋肉に準じますが、筋肉の表面にある膜をしっかりと手で感じる様にします。筋膜を意識して触ることができる様になれば、筋肉が少ない犬にもリリースやフレックスを行うことができる様になります。

・腹部

膜を感じ取ることができる様になると、腹部の硬さが緊張によるものか、便が滞っているのが原因かが推測できる様になります（膜が硬いと便秘：ほぐす系の施術、筋肉全体が硬いと緊張：意識系の施術）。

体液とは

　バランス・ドッグマッサージでは、血液やリンパ液など体をめぐって栄養を届けたり、毒素を排出させたりする液体のことを体液と呼びます。滞りを減らし、めぐりを良くするためにも、硬いところをほぐしたり、体をバランスよく上手に使える様にしたりするのです。

―――――――― 確認ポイント ――――――――

・水分の補給

凝りを取り除いたり、体液のめぐりを良くするなど、老廃物の除去が行われる施術を行った場合、犬に水分補給をさせる様にします。水をあまり飲まない犬には、塩分なしのかつおのだし汁やチキンスープを与えたり、牛乳を少し垂らした水を与えたりすると良いでしょう。

・老廃物…呼気、尿、唾液、耳あか、鼻水、目やに、皮脂

体内に毒が増えると老廃物が過剰に出たり、臭いや色が強くなります。バランス・ドッグマッサージを行うことで、犬の臭いが少なくなったり、皮脂の脂っぽさが取れたりするのは、体内のめぐりが良くなったせいです。また、老廃物を外に出せているのはまだ良い方で、体内にためこむと、体調不良が進むと考えられます。外に出せる場合、まず上記の様な老廃物が出てきます。

3-2
ポスチャーテクニック

　バランス・ドッグマッサージではバランスの崩れた姿勢を直すために、ハンドテクニックとリードとハーネスを用いたポスチャーテクニックを用いますが、本書ではそれらの見立てのために必要なバランス・ドッグマッサージでの姿勢の解釈について学びます。

　バランス・ドッグマッサージで目指す姿勢とは、美容的に美しい姿勢ではなく、バランスがとれた結果として"美しく"見える姿勢です。マズル*の先からしっぽの先、足の先のすみずみまで上手に使えている姿勢がバランス・ドッグマッサージの「良い姿勢」です。変に力が抜けることなく、無駄な緊張もない「ほど良さ」が大切です。

*マズル…動物の鼻面や口先などの鼻口部のこと。

――――――― **確認ポイント** ―――――――

・頭の位置
・コマンド待ちの犬、緊張している犬は頭の位置が高い
・シニア犬などが腰が上手に使えていない場合、頭の位置は低い
・臭い嗅ぎで頭の位置が低いのは、注意力散漫

・口元
・緊張していると硬く口を閉じたまま。唾液も少ない
・怖がり、気づかい犬のナーバススマイル（口角を引き過ぎた笑い）

・瞳
・緊張、興奮で、瞳孔が開く

・前脚

- 地に足が着いたしっかりした脚の使い方ができれば、理性の器は大きくなる
- 怖がりは、幅が狭く、呼吸が浅い（肋骨を押されて肺が狭くなる）
- 後ろ脚の幅が狭いと、前脚の幅が広くなる（三脚様）
- 地面の蹴りがしっかりしているかどうかも見ること

・背骨

- 横から見てまっすぐ、上から見て軽くS字を描く様に歩くのが理想
- 気づかい犬、都会犬は、背中が凸型に曲がる（腹部も緊張）
- 体重オーバーで筋力が弱い犬は、背中が凹型に曲がる
- 股関節形成不全などで後ろ脚を上手に使えないと腰をふるモンローウォークになる
- 加齢により、背骨がうまくS字を描かなくなる

・腹部

- ほど良い張りがあり、柔らかい腹が理想
- 硬い腹は、緊張があるか、便秘になっている
- 緊張はバランス・ドッグマッサージのみで治せるが、便秘は繊維質の多い野菜食、穀物食が原因の場合も多いため食事の見直しが必要となる
- ふにゃっと柔らかすぎる腹は、生命力が落ちている

・後ろ脚

- 地面の蹴りがしっかりしているか、ひざも曲げているかを見る
- 左右の幅が狭いのは、筋肉不足。
  運動させる（走らせる）こと。
  特に起伏のある場所を走らせるのが良い。
  自転車の引き運動は
  リードの付加が全く掛らないようならOK。
  リードの負荷が少しでも掛るようだったら、
  姿勢のバランスが崩れるので注意
- 犬も人間と同じ様に、後ろ脚から弱る

・しっぽ

- 歩いているときにほど良く動いているか
- コンシャステクニック（P.59～62）で触ったときに、つけ根から先まで力の入り具合を確認する
- 全て均一に程良く意識できているのが理想
- 意識できていないと、心のアンバランスさだけでなく、歩行に悪い影響がある
- 歩けない犬もしっぽを使える様になるだけで、歩ける様になる可能性があることを知っておくこと

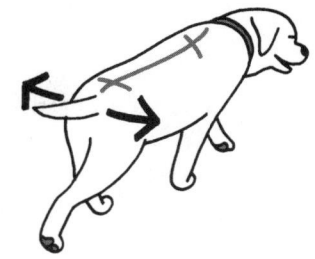

・後ろ半身

- 腰、しっぽ、後ろ脚をまとめて後ろ半身とみなす
  （後ろ半身3点セット）
- 触ろうとすると座る犬、何かの拍子にすぐ座る犬、必ず人の方を向いて座る犬は、後ろ半身が意識できていない
- 後ろ半身に意識を持たせる施術を行うことで、理性の器を大きくすることができ、健康増進にも役立つ
- 人間でいう「足腰」が犬の後ろ半身。老化が進まない様ケアする気持ちが大切

・歩行

- ゆっくり歩ける犬は理性の器が大きい
  （引っ張る犬は怖がりであることが多い）
- 理性の器が小さい犬はじっと止まって立てない（怖がり）
- 前脚の幅が狭いと呼吸が浅く、緊張しやすい
- 後ろ脚の幅が狭いのは、走り込み不足

　これらのポイントを押さえて愛犬を「良い姿勢」に導くことで、吠えたり引っ張ったりしない、落ち着きのある犬になります。またシニア犬や手術後の犬のケアに応用すると、体力と気力の向上につながります。本書で紹介したのはポスチャーテクニックによる見立ての一部分ですが、知っているだけでも愛犬の様子が変わることが多いもの。その変化に気づき、書き留めておきましょう。

3つのテクニックの使い方

　バランス・ドッグマッサージには、これらの3つのテクニックがありますが、ハンドテクニックを軸としてポスチャーテクニック、ルーステクニックを同時に使っていきます。簡単にいうと、ハンドテクニックは手技ですが、ポスチャーテクニックは犬の心身の状態とハンドテクニックが効果的かどうかの見立てに、ルーステクニックは無駄なストレスのない環境づくりのために使います。

　バランス・ドッグマッサージを行うことで、愛犬と心のつながりをより深く感じられるようになり、どんどん仲良くなるのを実感できるでしょう。また、自分の手で愛犬の体を楽にしてあげたり、気持ちを明るくしてあげられることが、私達飼い主のペットロスの軽減にもつながるのです。

3-3
ルーステクニック

　前章で学んだ通り、ルーステクニックとは飼い主が力を抜き、ゆるやかな時間を持つことを心がけることです。バランス・ドッグマッサージを実践する人たちの中では、犬に触れずともルーステクニックを実践するだけで、犬の皮膚が柔らかくなったり、怖がりが軽減するのを実感している人が多くいます。それほど、大切なテクニック（考え方）ですので、日常の中でも実践して欲しいと思います。

①呼吸は深く

　ハンドテクニックを行うときは特に、息を吐く様心掛けます。日常生活でも呼吸をゆっくり深くする様意識します。

②声は低くゆっくりと

　高い声は、交感神経を刺激します（犬をドキドキさせてしまいます）。低めの声でゆっくりと話しかける様にします。また施術中は「気持ちいいねぇ〜」などと、息を多く吐き、語尾をのばす様にゆっくりと話しかけると良いでしょう。

③肩、肘、手首を柔らかく

　無駄な力が入っていると良いバランス・ドッグマッサージになりません。力はお腹だけに入れます。肩やひじ、手首の力は抜きましょう。

④力でコントロールしない

　リードや手で犬の体の向きを変えたり、一箇所に留める時、力に任せてコントロール（制御）するのではなく、軽く合図するくらいの力を入れ、その後力を抜きます。力を抜いたときに犬は自分の体が意識できるので、「理性の器」を大きくするのにも役立ちます。

a. リードの使い方

　リードは基本的にゆるめ、ナスカン*は寝ているか下に下がっている状態にします。リードがつながっていることを意識させない様にするためです。リードは親指を上にして持ちます。立ち位置の理想は、犬の肩の横。右に曲がるときは、ナスカン*を右側に倒す様に合図、左に曲がるときは左に倒す、止まるときは後ろに倒す。人の腰とひざは、フレキシブルに突っ張らない様にする。

*ナスカン…輪っかの一部がバネで開閉する金具のこと。

b. 一箇所に留まらせる方法

　犬の胸に手を当てて、留まっている様子をビジュアルで明確にイメージし、「ここにいて」という気持ちで、留まらせたい場所に向かって力を掛けてすぐに抜き、力をかけて力を抜く、という動作を繰り返します。力を掛けるだけだと犬の体に無駄な力が入ることになりますが、力を抜くことで、犬の体に無駄な力が入らない様にしていきます。

29

⑤飼い主が大らかにどっしりと

　飼い主が心配性であるよりは、大らかでいた方が犬たちも安心できます。犬は飼い主が信じることを信じると言われています。楽観的でどっしりと構えた飼い主のもとでくらせば、犬たちも落ち着ける様になり、体は柔らかく、心も明るくなります。

⑥犬をじっと見ない

　犬はじっと見られると緊張してしまいます。たとえ大好きな飼い主からでも、じっと見られていることがあまりにも多いとストレスを感じ、体調不良になったり、臆病になってしまうことがあります。バランス・ドッグマッサージを行う際、犬の表情を確認するときにはじっと見るのではなく、目の端の方で見るようにしてハンドテクニックを使います。また、「気持ちいい？」と顔を覗き込みたくなるのが心情ではありますが、覗き込まれると犬はストレスを感じますので、犬の気持ちを思いやり、覗き込まない様に注意しましょう。

⑦触り始めは手の甲で

　急に触られれば、犬だけでなくどんな生き物でもドキッとします。ドキッとするストレスによって、「理性の器」の余裕がなくなり、ちょっとしたことでも反応してしまう犬も多くいます。犬は手の平よりも手の甲の方がその感触を意識せずにすむため、ストレスを感じにくいものです。

⑧呼吸は深く、ひと声掛ける

　特に背中側から急に触られると、犬はビクっとします。触る前には「触るよ」とひと声、抱き上げる前にも「抱っこするよ」とひと声掛ける様にしましょう。

バランス・ドッグマッサージは、犬に怖い思いをさせないことを大切にしています。軽く声を掛け、目をじっと見ることなく、手の甲でやさしく触り始めるようにしましょう。犬にドキッとさせずに触れる様になるだけで、バランス・ドッグマッサージの半分はできる様になったと言っても良いでしょう。

　そして、各テクニックを学ぶ順序ですが、どこから学んでも良いのですが、「ルーステクニック」→「ポスチャーテクニック」→「ハンドテクニック（意識）」→「ハンドテクニック（ほぐす）」を推奨しています。なぜなら、バランス・ドッグマッサージが上手になるために、まず「ルーステクニック」を身につけ、愛犬にとってストレスフリーな飼い主環境を実現し、次に「ポスチャーテクニック」で犬の姿勢から心と体の情報を読み取れる様になり、「ハンドテクニック（意識）」で犬の体を感じ取れる繊細な手を身につけ、最後に一般的なマッサージに近い手技「ハンドテクニック（ほぐす）」を身につけて欲しいからです。そうすることで少しでもバランス・ドッグマッサージの効果を自宅でも実感し、愛犬と過ごす豊かな時間を楽しんでいただけたらと願っています。

4

松江式
犬のストレス解釈法

バランス・ドッグマッサージを施術する上で、「松江式犬のストレス解釈法」を
ぜひ知っておいてください。知識として理解するのではなく、実践を重ねることで、
適確な見立てができ、体を自然に動かせる様になるのが理想です。

4-1
犬にとってのストレスとは

　犬は"安心して過ごせる"ことを本能的に望んでいます。安心とは、水と食べ物の心配がなく、脅威から守られる"安全地帯"があるということです。

　また、犬は仲間と過ごすことを好みます。仲間との緊張関係を好みません。仲間と穏やかに過ごしたいと思っています。仲間とは、家族のこと。家族から強い口調で命令されるのもストレスになりますし、家族間でのけんかや暴力も相当なストレスになります。

　犬のストレスとは、人間同様、刺激（ストレッサー）、ドキドキが加わり、後に挙げるようなストレス反応が引き起こされることで、このストレス反応が長く続く場合、特にケアをする必要があります。

　犬にとってもストレスは体調を崩す原因になり、怖がりや興奮、攻撃的になる原因にもなります。ですから、バランス・ドッグマッサージの専門家によるセッションでは、飼い主の生活環境を聞き出し、不必要なストレスを見つけ出し、取り除く様アドバイスを行います。また、施術する人の存在自体がストレスにならない様ルーステクニックを駆使することは必須です。

4-2

犬が求めている「犬の生活」

◎犬のストレスの原因

　不必要なストレスを見つけ出すためには、犬のストレスの主な原因を知っておく必要があります。下記で確認しておきましょう。

- 自分に対する直接的な脅威がある（人間から、犬から）
- 生活環境内に暴力、怒り、攻撃性がある
  （例：けんかの絶えない家族に飼われている）
- リードを引っ張られる、
  押し倒される、引きずられる
- 訓練や日常生活での過度な要求
  （応えきれないほど要求されて
  どうしたら良いのかわからない）

- 運動不足、刺激不足
- 子犬・若犬の過度の運動
- 空腹、渇き、排せつ困難、暑さ、寒さ
- 痛み、体調不良
- 騒音
- 孤独
- 恐怖体験
- 遊び過ぎ、興奮し過ぎ
- 邪魔されずに
  リラックスできる時間と場所がない
- 環境の変化
  （家族の構成員の変化、引っ越し、模様替えetc）

4-3
ストレスによる心と体の変化（ストレス反応）

　犬もストレスにより、ストレス反応と呼ばれる心と体のひずみが現れます。その主な反応を確認しましょう。またこれらの反応は、次に学ぶ"理性の器からあふれた状態"であることも理解しておきましょう。

- 落ち着きがない
- 音やほかの犬、人に対して敏感に反応する
- 興奮し過ぎる
- 自分の体を咬んだり、ひたすらなめたりする
- 家具、靴などをかじって破壊する
- しっぽを追ってぐるぐる回る
- よく吠える
- キュンキュン鼻をならす
- 攻撃的行動をとる
- 遠吠えをする
- 筋肉が硬くなる
- 筋緊張がある
- 皮膚が硬くなる
- 毛ヅヤが悪くなる
- **胃腸の調子が悪くなる**（便通の乱れ、嘔吐）
- 腹部が硬くなる
- 猫背の様に背中が曲がる
- そのほかの体調不良を引き起こす

4-4 理性の器

　バランス・ドッグマッサージはほぐしたり、代謝を良くするなど体にアプローチするだけでなく、興奮や怖がりを軽減したり、飼い主の言うことに耳を傾けられる様に落ち着かせるなど、心にもアプローチすることができます。なぜその様なことができるのか、松江式犬のストレス解釈法のうち、「理性の器」について知ると、よく理解できる様になります。

◎「理性の器」とは
　犬それぞれに、ストレスや刺激を受け止める"器"があるのを想像してみてください。

　器が大きければ、ストレスや刺激を受けても器で受け止められます。理性的（冷静）でいられるのです。

　器が小さければ、ちょっとしたストレスや刺激でも、器があふれてしまい、理性（冷静さ）を失ってしまうのです。

　刺激によって「理性の器」があふれてしまったとき、犬には次の「4つの反応」が出る可能性があります。

(column)

犬は子どもなの？

　犬とくらしていると、愛犬が幼児の様に思えてくることがありますよね。単純で、まっすぐで、疑うことを知らないで。

　人間の子どもに世話が必要な様に、犬も人間が世話をしなくてはならず、しかも、教えれば「オスワリ」や「オテ」だけでなく言葉だって理解できるし、飼い主が言葉を発していなくても、何を考えているのか分かるテレパシー（？）まで持っている。

　人間の子どもより犬の方が可愛いと思う人がいてもおかしくないほど魅力的で母性をくすぐる存在（男性にとっても！）です。だから子どもの様に犬をかわいがることは楽しく、良いことだと思います。

　しかし子どもの"様に"ではなく、"子ども"に見えてきたら要注意。自分の生きる意味を愛犬のお世話に見出すといった、ちょっとアンバランスな依存関係になっている可能性があります。犬は犬であって、人間ではないですし、犬が人間になっても幸せではないというのは、P.3の「犬の7つの権利」でもお伝えした通りです。

　私の講座に参加してくださった方で、こんな方がいました。子育てがひと段落して室内犬を飼い始めた方で、片ときも放さないといった風に愛犬を腕の中かひざの上に抱いているのです。バランス・ドッグマッサージ的

にこのわんちゃんを見ると、人間の様にかわいがる彼女のスタイルの愛情を負担に感じているのが分かりました。

　猫背気味で体全体が緊張でカチコチ硬く、不安感が強いため飼い主のひざから下りられず、歩き方もふわふわとぎこちない。自分が自分ではない様な感覚のまま生きているといった印象なのです。

　この女性のお子さんにも会ったことがあるのですが、このわんちゃんとは正反対で、年齢相応に落ち着いていて、自立心のある素晴らしいお子さんでした。立派な子育てをされたのがよく分かりました。あふれる母性と愛情でお子さんを立派に育て上げたけれども、愛犬にも子どもに対するのと同じ様な愛情を掛けたのではないかなと、そのとき思ったものです。

　長いおつき合いの中で彼女が「初めての室内犬だったものだから"犬"扱いせず大切にしてきたのだけど、この子も犬としての生活をしたかったんですね。バランス・ドッグマッサージで気づきました」と教えてくれました。そして「いまは私から離れて楽しそうに歩くのが見られて幸せです。お互いに自立したんだと思います」とも。
こう話してくれたころにはこのわんちゃんの体の緊張はとれて、美しく自信あふれた歩き方になり、顔の表情も明るくなっていました。彼女が愛犬の体をしっかりと感じ取り、犬のストレスについて理解し、姿勢に気をかけ、飼い主としての仕草を見直した結果でした。

　犬は子どもの様だけれども、子どもではない。言葉にすると当たり前だけれども、案外この境界線が見えなくなりがちなのが、現代という時代なのかもしれません。

4-5
「理性の器」があふれた「4つの反応」

①攻撃
前傾姿勢で吠える、咬むなど

②おびえる
後ろに下がったり、
しっぽを下げたりしながら吠える

③固まる
石の様に動かなくなってしまう

④おどける
床を掘ったり、家具や靴などを破壊したり、
しっぽを追うなどふつうではない行動をとる。

　これらは自分で意図した行動ではありません。ただ反応しているだけです。
　例えば、チャイムで吠え続ける犬について、「理性の器」の考え方を使って解説してみましょう。この犬の「理性の器」はとても小さく、チャイムが刺激となり、「理性の器」があふれている状態です。「理性の器」があふれ、"反応"として吠えていると解釈します。反応しているときは名前を呼んだり、「オスワリ」などと言っても犬の耳には届きません。

4-6
「理性の器」を知ると、「問題行動」が変わる

ところで犬の問題行動について、こんなことを聞いたことはありませんか？

「飼い主が威厳のある強いリーダーにならないと、犬はわがままになり、飼い主を威嚇し、咬むなどの問題行動をとるようになる」

私も以前は、飼い主には威厳がないといけないと思っており、愛犬をひっくり返して飼い主に"服従"させようとしたり、強い口調で"命令"していました。それで愛犬がどうなったかというと、いたずらは直らず、怖がりは助長され、飼い主がいないと落ち着いていられない犬になってしまいました（小さい器にストレスを与え続けていたので、すぐに器があふれる犬になってしまったのです）。また、首輪で首を締め上げるようにしながらしつけをした結果、人を怖がる犬になり、人影が見えるだけで唸るようになってしまった犬もいます（器からあふれて、怖がりの反応として唸っているわけですが、飼い主は威嚇していると捉え、さらに締め上げたり押し倒したりして刺激を加え、姿勢もアンバランスにさせてどんどん器を小さくさせていたのです）。

私たち人間でもストレスが掛かっているときには怒りっぽくなったり（攻撃）、他人が信じられなくなったり（おびえる）、必要以上におしゃべりになったり（おどける）するものです。幸せで満足しているときには、穏やかで他者を信頼し、どっしりと落ち着いていることができます。犬も同じです。犬の生活環境の全ては飼い主に掛かっています。飼い主が犬にとって安心できる人間であり、安心できる環境があるだけで、犬は穏やかに落ち着いてきます（器に余裕が生まれる）。

この様に「理性の器」を用いて、犬を見ることができる様になると、犬への愛情が深ま

り、思いやりの気持ちが湧いてきませんか？

　いままで、飼い主が「問題行動」と思っていたことを「あら、反応しちゃってるのね」と見方を変えるのを犬はしっかりと感じ取り、互いの関係が、否定から信頼へと変わっていくことでしょう。

4-7
しつけを楽にするための「理性の器」

　吠えたり、咬んだり、おびえたりと、理性の器からあふれて反応している犬の場合、しつけだけで対処するよりバランス・ドッグマッサージで理性の器を大きくする方法を併用すると、驚くほどうまくいくことがよくあります。
　ここでは「チャイムが鳴ると吠え続けて困っている」という悩みを例にとり、悩みを解決する方法を考えてみましょう。大きく分けて3つの方法があります。

①ストレスに慣らす

　1つ目は、その犬にとってストレスや刺激になっている事柄に慣らす方法です。「慣らす」のは、最も一般的な方法で、しつけ的なアプローチです（脱感作とも言います）。
　例えば、チャイムが鳴るのが大きな刺激になっているわけですから、チャイムが鳴ったらおやつをあげるなどして、徐々に慣らしていく方法です。
　この方法は広く用いられていますが、「理性の器」があふれてしまっている犬は、すでに"訳が分からなくなっている"ので、非常に根気が要ります。

②ストレスを減らす

　2つ目はその犬にとってストレスや刺激になっている事柄を減らす方法で、「理性の器」の考え方を用いた方法です。これはルーステクニックに通じるものです。
　仮にこのチャイムに吠える犬は、ふだんの生活で飼い主に突発的に持ち上げられたり、不快な

触られ方をしていたり、人の顔が近づくことが多く、ストレスでいっぱいだったとします。理性の器の余裕がなくなっている状態です。この状態では、チャイムやほかの犬とすれ違うなど、ちょっとびっくりしただけで、ワンワンと吠えるなどの反応をしてしまうことがあります。

そこで飼い主が愛犬のストレスを減らす様心掛けます。いつものストレスが減るだけで理性の器に余裕が増え、ささいな刺激を受け止めることができる様になり、「吠える」反応がなくなります。つまり犬を不意に持ち上げるのをやめたら吠えなくなった、ということが起きるのです。

③理性の器を大きくする

3つ目が、バランス・ドッグマッサージの各種テクニックを使って「理性の器」を大きくする方法です。

バランス・ドッグマッサージでは、体に意識をさせたり（ハンドテクニック）、姿勢のバランスを良くすること（ポスチャーテクニック）で「理性の器」を大きくすることができます。怖がりだったり興奮しやすい犬は自分の後ろ脚がどこまであるか、自分のしっぽがどの様に動いているか知らなかったり、きれいに歩けなかったりするものです。つまり、自分の体の使い方についてよくわかっていないのです。

例えばこの犬がチャイムが鳴るときだけでなくふだんからびっくりしたときには、しっぽが硬くなり、座りながら吠えているとします。この犬は自分がしっぽに力が入っていることも知らないし、座っていることにすら気づいていません（ちなみに、理性の器からあふれている場合、吠えていることも分かっていません）。

この犬にバランス・ドッグマッサージでしっぽを意識させ、後ろ脚まで意識させることで、理性の器を大きくすることができます。ふだんからしっぽまでマッサージしたり、後ろ脚をマッサージすることで、チャイムに限らずさまざまな刺激に対してどっしりと構えられる様になるでしょう。

◎やってみよう〜ドキドキワーク

　理性の器、犬のストレスを理解する上で、重要な犬の"ドキドキ"を感じてみるためのワークです。2人で行います。

1. 1人が犬役、もう1人が飼い主役です。
犬役はしゃがみ、飼い主役は立ちます。

---

2. 飼い主役の人は犬役の人に、いつも愛犬にするのと同じ様に（下記の3通りで）近づきます。犬役の人はどれくらいドキドキするか、一番ドキドキしないのはどれか、を感じる様にします。

※このときのポイントは、"うれしい"とか"怖い"といった言葉ではなく、ただ"ドキドキ"を感じることです。

①前から近づく　　　「かわいいねえ、○○ちゃん」などと、いつもの様に声を掛けて、なでてください。

②後ろから近づく　　「いいこねえ、○○ちゃんは」などと、いつもの様に声を掛けて、なでてください。

③横または斜め前から近づく　「おりこうねえ、○○ちゃんは」などと、いつもの様に声を掛けて、なでてください。

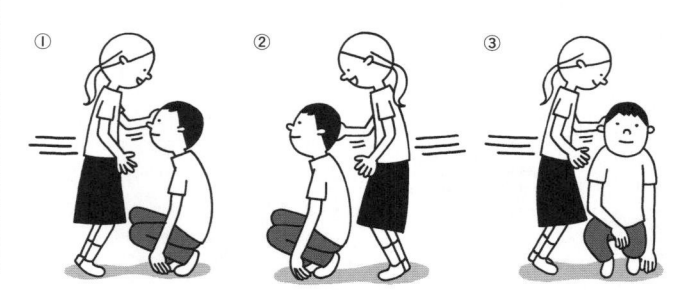

> **4.** 役を交代して、①〜③を行います。
>
> **5.** どれが一番ドキドキしたか、一番ドキドキしなかったのはどれか、などと感想を述べ合います。
>
> ☆バランス・ドッグマッサージでは日常のドキドキを減らすことで、理性の器というストレスの受け皿の空きスペースを増やすことを大切にしています。ドキドキを減らすだけで健康的になったり、吠えや怖がりが軽減したりします。

5
マッサージをする前に

――――― **必要な準備** ―――――

　バランス・ドッグマッサージを行う上で、特別な準備は必要ありません。最も大切なことは、落ち着いた空間と時間で行うこと、施術する飼い主自身の心が穏やかであることです。

　具体的にできることは、テレビを消す、携帯電話はマナーモードにして離れた部屋に置いておく、照明を暗めにする、ゆったりした音楽を流す、飼い主が深呼吸をしたり、目を閉じてプチ瞑想*を行う、などです。

※プチ瞑想

軽く目を閉じて深く呼吸をしながら、①「地に足」がついているのをイメージ、②体の「中心に軸」が通っているのをイメージ、③「いまここ」を感じる（自分の呼吸、そして犬の呼吸や体温を感じる）。バランス・ドッグマッサージにおいて推奨している方法です。

何分行うか

　決まった時間を設けてマッサージを行うと、犬にとって負担になったり、飼い主が神経質になりがちです。何分行うかは、次の３つを参考にしてください。

・飼い主の集中力が持続している間
・犬の体がほぐれるまで
・体を意識させるマッサージは短めに

　一般的には、自宅でのマッサージは小型犬で長くて30分程度、大型犬で１時間程度を目安にすると良いでしょう。

行う時間帯

　バランス・ドッグマッサージはどの様な時間帯にも行うことができます。体への負担が非常に少ないマッサージなので、食後に行っても構いません。以下がおすすめの時間帯です。参考にして、愛犬にバランス・ドッグマッサージを施す時間を決めましょう。

・家事を終えてひと段落しているとき
・お風呂から上がってほっとひと息ついているときに
・寝る前のゆったりした時間に
・犬がよく運動した後に（筋肉のメンテナンスに）
・長時間の外出で犬が疲れた日は、
　帰宅後落ち着いてから
・留守番が長くなってしまった日の夜に
・忙しくてゆっくり犬の相手が
　できなかった週は、週末にたっぷりと

II

バランス・ドッグマッサージの実践編

各テクニックを学ぶ前に

　本書では、各テクニックの基本を学び、練習します。犬へのマッサージは、人間へのマッサージ以上に施術者の「手」が繊細である必要があります。ぜひ、マッサージをていねいにやさしく行ってあげてください。練習だからといって、やみくもにマッサージをすると、せっかくのバランス・ドッグマッサージが台なしになってしまいます。

　バランス・ドッグマッサージを行い、毎日の愛犬の筋肉、骨、皮膚の状態を手で感じ取ることで、日々の健康状態やストレス状態の変化を理解してあげられるような飼い主になってください。
　そして気負って勉強するのではなく、ゆったりとした時間を愛犬と楽しみながら身につけてください。愛犬だけでなく、自分の健康状態も良くなり、ストレスから解放されるのが実感できると思います。

　愛犬で練習する際のこつは、気持ちを思いやり、体をしっかりと感じること。

・「さあ、やるぞ！」という気迫は犬にはうれしくありません
・「どう？　気持ちいい？」と覗き込まれると犬は緊張します
・「ん？　これでいいのかな？」と迷いながらやると犬は不安になります

　練習をする際に、愛犬に無理強いをしない様に気をつけてください。犬が立ち上って別の場所に移動した場合、後追いしてはいけません。無理強いしたり、後追いをすると、良い時間どころか逆効果になってしまいます。

　また、P.104のセルフチェックノートにマッサージの練習の記録をつけ、上達を確認することで、自宅学習を楽しいものにしていただけたらと思います。
　自分のマッサージの上達に応じて、愛する犬がどの様に変化するかも観察し、うれしい変化は文字にして残しておくと良いでしょう。

1
ハンドテクニック
ほぐす

　ハンドテクニックは大きく「体をほぐすテクニック」と「身体意識を高めるテクニック」に分けられますが、実践編ではまず、筋肉、皮膚を柔軟にしたり、代謝を上げる効果のある「体をほぐす」テクニックを学びます。

「リリース」、「フレックス」は、全身の筋肉および腹部を柔らかくし、血行と代謝を高めます。もちろん、体の動きを良くする効果、脚の可動域を広げる効果もあります。
「スキンローリング」は、皮膚を柔らかくすることで、体表面の代謝を上げていき、毛ヅヤを良くしたり、肥満予防やダイエットを促進する効果があります。またツボ刺激効果もあり、健康促進に役立ちます。
　そのほか、「ストローク」は滞りがちな体液の循環を促し、「イヤーマッサージ」は、耳のツボを刺激することで老化防止、健康促進、さらにはリラックス効果もあります。

　ほぐすハンドテクニックを行うときは、「体の硬さ＝老化」と捉え、硬い箇所を見つけて、適したテクニックを用いて、いつまでも愛犬の体を柔らかく保ってあげましょう。

1-1

リリース

◎ 基本的な手の動き

1. ゆっくり息を吐きながら、筋肉を感じて垂直に押す様に圧を掛けます。

2. ①と同じテンポでゆっくりと戻します。指は皮膚から離さない様に。

3. 次に押す箇所まで皮膚の上をなぞる様に指をずらします。

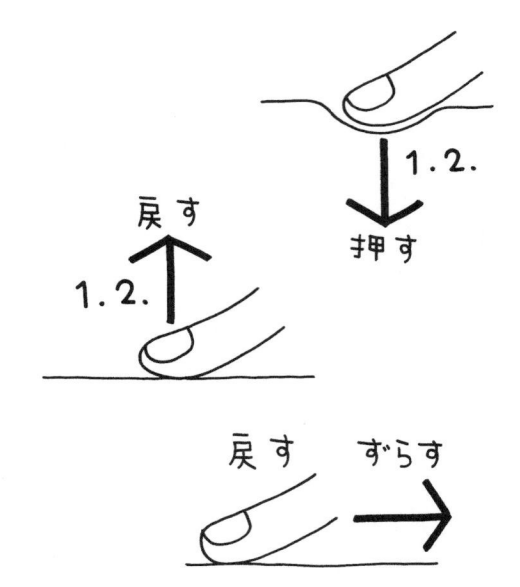

◎ 手の使い方のバリエーション

親指：

親指で
押しやすい場所は
親指の腹を使います。

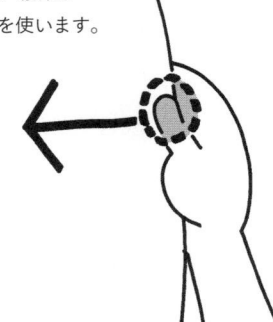

人差し指〜小指：

人差し指から
小指までの
4本の指を使います。

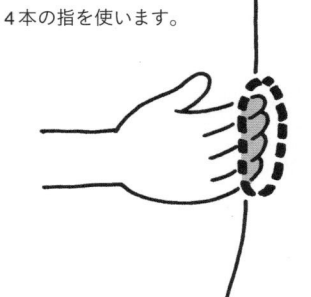

指の腹：
犬の大きさや位置によって
臨機応変に。

手の平：
大きい犬のお腹を押す場合は、
手の平全体を使います。

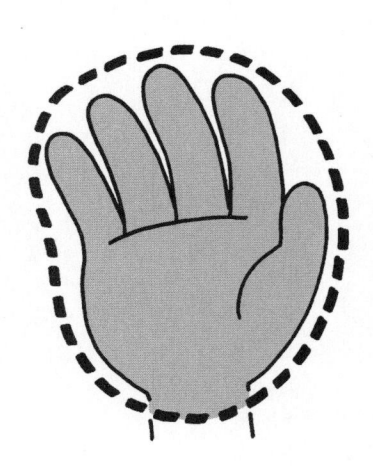

POINT	筋肉をしっかりと感じ、弱い力で始めて徐々に圧を強め、その犬に合った強さでマッサージを行うことが大切です。
NG	筋肉がない箇所や筋肉の少ない犬には行いません。体力が落ちているときにも注意が必要です（ただし、筋膜を触れる感覚が上達したら、行っても構いません）。

◎背骨をほぐして歩きやすく！

犬は四肢だけでなく背骨を波の様に左右に動かしながら歩きます。背中が硬くなると、四肢にも負担が掛かります。疲れやすい背中を柔らかくして、血行を促してあげましょう。

◎犬の姿勢と手の使い方

※犬の大きさや体勢、自分との位置関係によって手の使いやすさは変わってきます。下記はその一例です（以下同じ）。

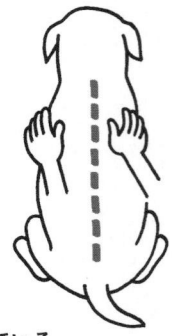

A：座っている

犬が自分の前に座っていたら、背骨から見て右側は右手の親指の腹で、左側は左手の親指の腹を使って押すと良いでしょう。片手ずつ使うと姿勢が安定します。

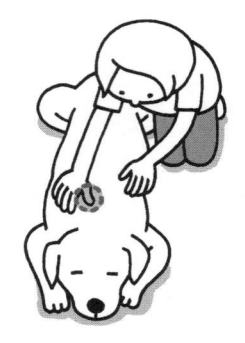

B：フセの状態

犬が背中を上にして寝そべっていて、飼い主がイラストの様に犬の脇（横）にいる場合は、親指を使います。

C：横になっている

犬が完全に横になっている場合は、犬の腹側からマッサージを行う方がやりやすいでしょう。人差し指〜小指までの指先で筋肉を感じることで良いマッサージが施せます。

> **POINT** つい強く押したくなっても、必ず弱い力から徐々に強く押していく様にしましょう。

1-2

フレックス

硬くなっている筋肉をほぐすのに最適！
首、肩、ももを柔らかくするリズミカルなマッサージ

◎目的と効果

　筋肉を押しながら横切るようにずらすことで、効率良く凝りをほぐすことができるマッサージです。凝りがほぐれると、体の動きが楽になるだけでなく、血行も良くなることから、老廃物の除去にも大変効果的です。首や肩の凝っている犬は多いものです。フレックスで気持ち良さを感じる犬は多いので、マッサージに取り入れるのにもおすすめです。

　筋肉の多い犬はもみがいがあります。この様な犬はフレックスを念入りに行ってあげたいものです。

◎部位別のフレックスマッサージ

ショルダーフレックス	マッサージの導入にもなり、肩甲骨へのマッサージも行いやすくなります。
ネックフレックス	ストレスにより首が凝っている犬は多いものです。首の凝りをほぐし、体を楽にするだけでなく、気持ちも明るくします。
バックフレックス	どの犬にも行ってあげたいマッサージ。背中の凝りを効率良くほぐし、全身を楽にします。
レッグフレックス	レッグリリースでは、凝りが取りきれないときに行います。筋肉モリモリの犬におすすめ。

◎基本的な手の動き

1. 筋肉に対して垂直に圧を掛け、押します。
2. 押したまま筋肉の向きに対して90度に横切る様に2カウントで動かします。
3. 力を抜きながら、2カウントで元の位置に戻します。
4. 皮膚をなぞる様に次の部分に。①〜④を繰り返します。

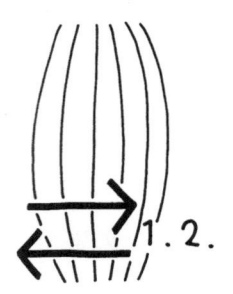

◎手の使い方のバリエーション

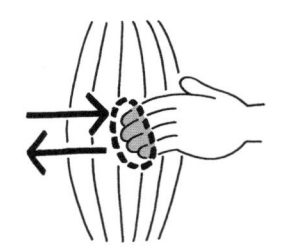

人差し指〜小指：
人差し指〜小指の先、または腹を使います。親指は犬の体に軽く添える様にします。

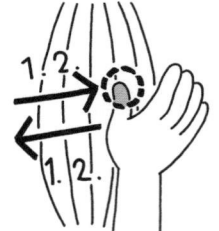

親指：
親指で押しやすい場所は親指の腹を使います。親指以外の指も犬の体に添える様にします。

親指のつけ根から手の平下部：
広範囲、特に大型犬の首や肩をマッサージするときに使います。手首が楽な位置で行うのがポイントです。

POINT 筋肉の向きを手で感じることが大切です。筋肉を"ほぐす"つもりで行うと質の高いマッサージになります。

NG 早いテンポは犬が怖がったり興奮するのでNG。筋肉のない箇所や筋肉が少ない犬にも行いません。犬の体力が落ちているときにも注意が必要です（ただし筋膜を触れる感覚が上達したら、行っても構いません）。

1-3

スキンローリング

皮膚を柔らかく保って、老化防止！
太り気味の犬の脂肪沈着予防にも。

◎目的と効果

　皮膚を柔らかく保つためのマッサージです。体調不良やストレスで、犬の皮膚は硬くなるものです。また、肥満によって脂肪と皮膚がぴったりとくっつき、皮膚の弾力が失われることもあります。スキンローリングは筋肉をもみほぐすのではなく、犬の皮膚を動かすマッサージです。皮膚をまんべんなく手繰り寄せる様に伸ばしていきます。皮膚の柔らかさ保つことで老化防止にもつながります。また、肥満が気になる犬には脂肪沈着の予防として行ってあげると良いでしょう。

◎手の使い方のバリエーション

1. 両手の人差し指と親指で三角をつくり、指先を犬の皮膚の上に置きます。

2. 親指を人差し指側に引き寄せる様にして、犬の皮膚をつまみます。

3. 人差し指から小指を広げる様に、前方に動かします。①〜③を繰り返し、手の中で皮膚を手繰り寄せていきます。

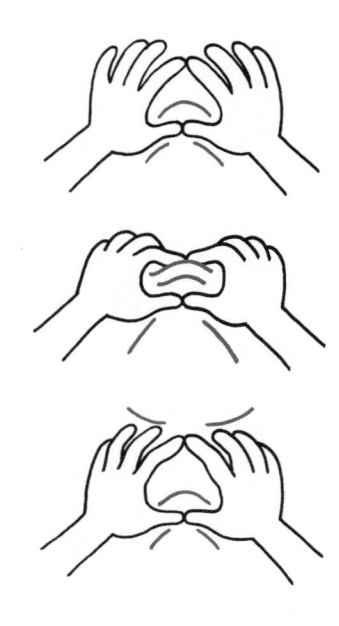

◎犬の姿勢と手の使い方

どんな状態でも：

犬は立っていても寝そべっていても構いません。どこから始めても、どこに進んでいってもOKなマッサージ。全身にマッサージしてあげましょう。

POINT	皮膚が硬い箇所は念入りに行いましょう。
NG	犬の性格によっては、皮膚をつままれるのをいやがる場合があります。いやがった場合は無理に行おうとせず、いやがらない箇所を軽くつまむことから始めましょう。

ひとくちMEMO：

湿疹や皮膚の腫瘍などを見つけやすいマッサージです。
異常を見つけたらマッサージは中止して、かかりつけの獣医師に相談しましょう。

1-4

ストローク

エステの様な手の動きで体液の流れを整える
シニア犬もうっとりのマッサージ

◎目的と効果

　弱い圧を掛けながら、エステの様に犬の体全体をなでるマッサージです。血液やリンパなどの体液の流れを整えます。血液やリンパの流れに働きかけるのをイメージしながら、足先などの体の先端から心臓に向かって手を動かしていきましょう。体液の流れが整うことで、老廃物の排出を手助けすることにもなり、疲労回復に役立ちます。特に寝ている時間の長いシニア犬や病気の犬におすすめです。体の弱っている犬にも安心してできる、やさしいマッサージです。

◎基本的な手の動き

　手の平全体を使います。手の平で体液を受け止めるイメージで指は閉じましょう。一つの線を描く様にしながら、左右の手を交互に動かします。長く息を吐く様にすると、手の動きが柔らかくなり、気持ちの良いマッサージを行うことができます。

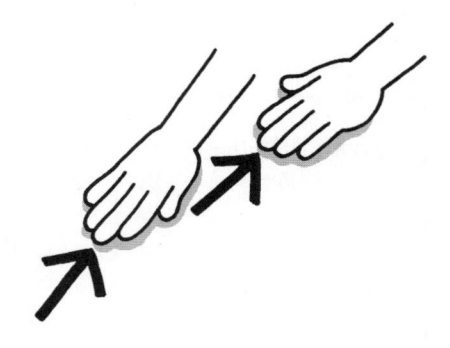

◎犬の姿勢と人の位置

横になっているときに

できるだけ犬が横になっているときに行いましょう。犬の背側に座ると上手にできます。少し圧を掛けながらゆっくりとなで、体液の流れを整える様にします。動かす方向は、心臓に遠い所から心臓に向かう様にするのが基本です。

小型犬の場合

体の大きさに合わせて、指全体を使う様にします。

足先から胴体に向かってなでる様にします。

POINT　ゆっくりとしたリズム、息を吐くことを心がけてマッサージすると、より質の高いマッサージになります。

NG　軽く叩く様なせわしない動きは、リラックスさせたいときにはNG（運動前のウォーミングアップとしてならOK）。ときと場合によって、最適なマッサージ方法を選ぶことが大切です。

ひとくちMEMO：
寝ている犬をやさしくなでてあげたいときはありませんか？
そんなときに、ストロークマッサージを行ってあげるのもおすすめです！

1-5

イヤーマッサージ

健康UPのためにいつでも行いたい簡単マッサージ！
車酔いや緊張しているときにも。

◎目的と効果

　最も気軽に行えるマッサージです。ツボが多く集まっていると言われる耳の内側に、軽い刺激を与えることで犬を元気にする効果があります。車酔いや何らかの持病の発作時、ストレス過多のときに行うことで犬を落ち着かせることもできる、効果の幅が広いテクニックです。

◎犬の姿勢と手の使い方

Step 1

　基本的には犬の後ろ側から行います。片方の手であごを支える様にし、もう片方の手で耳のつけ根を持ち、耳をぐるっと回します。

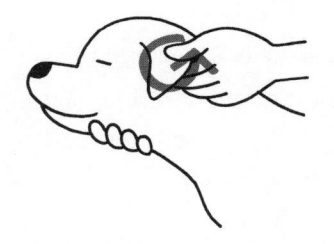

Step 2

　つけ根から耳の先に向かってスライドする様に手を動かします。耳の大きさに応じて何回でもスライドすると良いでしょう。このとき、息を吐く様にします。

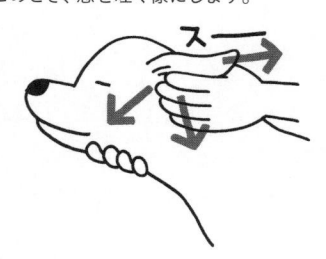

POINT　毛の長い犬には、毛の先までスライドさせる様にします。また断耳している犬には元々あった耳も感じさせる様なつもりでスライドします。

2

ハンドテクニック
身体意識を高める

　これから学ぶテクニックは、なでる様に触ったり、太極拳の様にゆっくりとした動きのマッサージです。非常にソフトなマッサージなので、生まれたての子犬から、病中の犬、寝たきりの犬にまで施せます。天国に旅立つその瞬間まで行うことができるため、見送る飼い主として、「自分の手で少しでも痛みと苦しみを和らげることができた」という気持ちが持て、ペットロスの軽減にも役立ちます。

　身体意識を高めるテクニックの「コンシャス」、「スネークタッチ」、「ウェーブモーション」、「スタンディングウェーブ」は、方法は異なりますが、どれも無意識に緊張していたり、上手に使えなくなっていたり、力を上手く入れることができない部分にアプローチします。マッサージが上手く作用すると、まるで体に意思があり、シャキッと目を覚ました様に、上手に動かせる様になります。

　またこれらのテクニックは、身体に本来の状態を思い出させる作用があることから、過去のけがの痛みを引きずっている（けがは治ったはずなのにびっこを引いたり、痛そうにするなど）様なときにも効果的です。痛みや苦痛の緩和を目的に、痛みのある箇所に直接施術することもできます。

2-1

コンシャステクニック

　コンシャステクニックは、ごく弱い圧を掛けて、体に意識をさせていくマッサージです。目的もやり方も応用範囲が広いテクニックなので、本書では大きく3つの方法に分けて学んでいきます。

A．基本のコンシャス

　体の思い出させたい部分に手の平をベターっと置き、犬の皮膚を1〜3mm押す様にして、犬の体温、皮膚の柔らかさを手の平で感じ取ります。毛の感触は無視するのがポイントです。

◎基本のコンシャスの目的と効果

・手の平を置いた箇所を犬に感じさせる
・「あ、ここも自分の体なんだ！」と
　思い出させる
・体の緊張を取り除く
・痛みを和らげる
・痛めた直後にその箇所に手を当てることで
　体が感じたショックを和らげる
　（痛み、ショックを頭ではなく体が感じる、とイメージします）

B. 線でつなぐコンシャス

　基本のコンシャスの圧のまま、頭からしっぽまで、右肩から左足先まで、などと自在に手を動かします。とにかくゆっくりと手を進ませるのが大切です。ゆっくり進ませた方が、犬の体があなたの手を感じ取り、身体意識が高まります。手を動かす方向は、身体意識が高い方から低い方へ動かすのが基本です。もし反対に動かしても悪影響があるわけではないので、堅苦しく考えず、ゆったりのびのびと行ってください。ふだんの犬のなで方にも、この線でつなぐコンシャスを取り入れると、身体意識が高まります。

◎ 線でつなぐコンシャスの目的と効果

・落ち着きを取り戻す
・リラックスできる様にする
・体に一体感をもたせる
・意識の薄い箇所に、身体意識の高い箇所から
　線でつなぐことで、意識を持たせる
　　※意識の薄い箇所…
　　トイレシートを踏み外す足、ペタっとした足先、
　　後ろ半身はどの犬も意識が薄い、など
・ふだんのなでるコミュニケーションに取り入れる

C. 点でつなぐコンシャス

　基本のコンシャスを複数箇所に連続して行うのですが、一つの箇所から次の箇所に手を動かすときに、皮膚の表面をなでる様に圧を弱める方法です。それぞれの箇所のコンシャスの時間の長さは異なっていて構いません。特に緊張をゆるめたかったり、感じさせたい箇所は長く（例：微妙に手をずらしながら30秒ほど）、そうでもない箇所は２～３秒と短く、といった調子で行います。

◎ 線でつなぐコンシャスの目的と効果

　線でつなぐコンシャスと基本的には同じですが、以下の様なときには、点でつなぐコンシャスを使います。

・線でつなぐコンシャスよりも
　強めに感じさせたいときに
・体にしっかりと意識を持たせたいときに
・外出先で、興奮、緊張しているときに

D. 骨格にアプローチするコンシャス

　基本のコンシャスは、皮膚を2〜3mm押す様にしましたが、骨格を意識させたい場合は、手指で犬の骨をしっかりと感じ取る様にします。こうすることで、自然と必要な圧を掛けることができます。基本のコンシャス同様、線でつないだり、点でつないで施術することもできます。

◎ 骨格にアプローチするコンシャスの目的と効果

・痛めた関節の回復を手助けする
・関節をもっと上手に使える様にする
・骨折や断脚の経験のある犬に、
　骨格から体全体の意識を持たせる
・足指に施し、上手く歩ける様にする

> ☆バランス・ドッグマッサージでは、日常のドキドキを減らすことで、理性の器というストレスの受け皿の空きスペースを増やすことを大切にしています。ドキドキを減らすだけで、体が健康的になったり、吠えや怖がりが軽減したりします。

2-2

スネークタッチ

◎ **背中としっぽをつなぐマッサージ**

犬に自分の体がどこからどこまであるかを意識させると、心身ともにバランスがとれ、良い変化が起きてきます。

ほとんどの犬は自分の体がどこからどこまであるか、分かっていません。飼い主と目と目で話ができる犬ほど、自分の体は頭分くらいしかないと感じており、階段を踏み外したり、隠れたつもりでも後ろ半身がはみ出してしまうものです。

体がどこまであるか意識できていないと、けがにつながることもあります。またそれだけでなく、体を意識できる様になると姿勢も良くなり、精神的にも落ち着きが出てきます。

★こんなときにおすすめ！

・ヘルニア予防に
・怖がり犬に
・緊張しやすい犬に
・ストレスが多い日に
・歩き方が安定しない犬に

★こんな効果！

- **上手に歩ける様にする**
（シニア犬や後半身麻痺している犬にも）
- **猫背の解消**（背骨が湾曲している犬に）
- **怖がりの軽減**
- **興奮症の軽減**
- **老化防止＆健康増進**

--- 方　法 ---

〈使う指〉

人差し指と親指を使います。
中指から小指は立てることなく、添える様にします。

1. 背骨がどこにあるか確かめます。
強く押し過ぎない様に注意します。

＊特に盛り上がっている箇所がないか、くぼんだように凹んでいる箇所がないか、感じ取る様にしましょう。それらの箇所は特にていねいに行います。また、犬にとって特に違和感のある箇所でもあります。犬によっては気持ち良さそうにしたり、変な感じがすると言わんばかりにもぞもぞしたりします。

2. 肩あたりから親指と人差し指で背骨を挟む様にし、親指の腹、人差し指の腹、と交互に指を動かし、腰まで順序良くマッサージします。

＊背骨を挟む様に横から順番に
＊犬の体から指を完全に離さない様に気をつけます
＊押すのではなく、背骨に触れるだけで十分です（その方が効果的）。

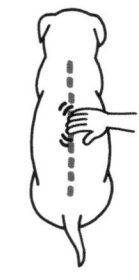

3. 腰まできたら、手を広げて、手の平全体で腰の骨を感じる様に軽く圧を掛けます（皮膚を1〜2mmくらい押す様な圧でしっかり骨を感じ取る）。約5〜10秒。

4. 手を犬の体から離さない様に注意し、親指を上にして、親指と人差し指の腹でしっぽを挟む様に持ちます。しっぽの骨と骨の間を指の腹で感じ取りながら、しっぽの先まで触れ、毛の先からすーっと抜きます。

＊しっぽのない犬（断尾している犬）の場合、特につけ根をしっかりと意識させます

POINT 背中からしっぽの先まで意識させるスネークタッチを行うときには、骨を感じて触れることが重要です。あなたの手が骨を感じれば、愛犬も自分の骨を意識します。つまり、あなたが感じるものを犬は意識します。

「かわいい！」という気持ちを抑えるのは大変ですが、そう思いながら触れていると、良いマッサージにはなりません。バランス・ドッグマッサージ、特にこのスネークタッチを行っているときは、愛する犬のためにも客観的に体を感じてあげましょう。いままでとは違う深い絆を感じられる様になるでしょう。

またふだん意識が薄い箇所を施術しているときに犬がいやがる様に動くことがあります。この様な箇所にこそふだんの生活の合間をみて触れ、意識させたいものです。意識が薄い箇所には不必要な緊張があったり、脱力し過ぎています。

2-3
ウェーブモーション

◎歩ける様にするマッサージ

　歩ける様にするマッサージとして紹介するウェーブモーションは、上手に使えなくなった脚を、「意識が薄くなった脚」として解釈し、これらを再び意識して使える様にする方法です。

　上手に足を使うことができなくなった犬が施術後、電気（神経）が通ったかの様に脚をビクビクっと動かし、上手に歩ける様になることがよくあります。
　また、獣医師から何も問題がないと言われているにも関わらず、太ももがピクピク震える様な犬にも施術してあげることで、きれいに歩くことができる様になります。脚を意識させるマッサージの効果を実感してください。

　なお、怖がりや興奮しやすい犬も足の意識が薄く、適度な緊張があるものです。このマッサージをすることで、不必要な緊張がとれ、落ち着いていられる犬に変化します。

★こんなときにオススメ！

・歩けなくなってきた犬に
・怖がり、興奮しやすい犬に
・段差を踏み外すことがある犬に
・アスファルトの上を
　歩くことが多い犬に（自然と接する
　機会が少ない犬に）
・緊張して脚に力が入りやすい犬に

★こんな効果！

・脚を上手に使える様にする
・シニア犬の脚のケア
・リハビリ中の補完ケアとして
・怖がり、興奮の軽減
・落ち着いた犬になる

--- 方　法 ---

〈使う指〉

指を揃えて
手の平と指の腹全体を使います。

1. 前脚へ施術するとき、関節（ひじと手首にあたる部分）を手の平に乗せ、不規則にゆっくりと動かします。手で脚を握るのはNGです。必ず手を開いたままでいる様にしましょう。慎重に行うことが大切です。

2. 後ろ脚に施術するときは、関節（ひざとかかとにあたる部分）を手の平にのせ、不規則にゆっくりと動かします。このときも必ず手は開いたままで。握っていると不意に犬が立ち上ったときにけがをさせてしまいかねません。慎重に行いましょう。

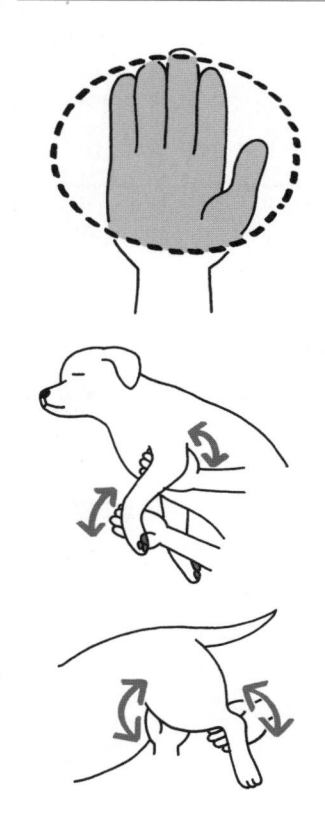

> **POINT** ウェーブモーションでは、脚を不規則に動かすことが大切です。いままで無駄な力を入れたり、上手に使えなくなってしまった脚を、不規則に動かすことで、脚に意識を向けさせるのです。例えば、利き手で字を書くのは上手にできますが、逆の手で字を書こうとすると簡単なひらがなの「す」でさえ、考えながら書くことになるでしょう。このとき、ふだん使わない手に意識が向いているのです。
>
> つまり、不規則な動きとは、ふだんにない動きをすることなので、違和感を感じることになり、その箇所に意識を向けさせることができる、と考えると理解しやすいでしょう。とてもソフトで、体に負担のない動きですので、衰弱してきた寝たきりの犬にも行うことができます。
>
> なおこのマッサージは、時間を長く行うよりも、1〜5分行ってから休憩時間をおくなど、短めの施術の方が効果が出ます。利き手と逆の手で字を長時間書くと疲れるのと同様、長時間行うと逆に疲れさせてしまうと考えれば分かりやすいでしょう。
>
> このテクニックは、バランス・ドッグマッサージの中でも奥深いテクニックのひとつです。

2-4 スタンディングウェーブ

立っている犬に、脚を意識させたいときに用いるのがスタンディングウェーブです。効果は基本的にウェーブモーションと同じで、方法もウェーブモーションの様に脚の関節を不規則にゆっくりと動かすのは一緒です。立ったまま行う、というのが異なる点です。

散歩の途中で怖がって歩調が乱れたり、慣れない場所で興奮しているときなどにも、立ったままできます。

―――――― 方　法 ――――――

＊後ろ脚も同様に。

　片方の手で行います。足首より上の部分を手の平に載せる様にして、脚を曲げ伸ばししたり、地面に対して小さな円を描く様に動かします。曲げたまま円を描いても構いません。不規則にゆっくりと動かすことで効果を発揮します。規則的な曲げ伸ばしや速い動きでは効果が出ないので、注意しましょう。

　また脚を動かす手は、必ず軽く開く様に、決して握らない様にします。

★特にスタンディングウェーブを行いたい場面

・固まった様に動けなくなっているとき、
　スタンディングウェーブを行うことで、体が動き出します。
・運動前に行うことで、けが予防になります。
・シャンプーやトリミング中に行うことで、緊張緩和になります。

column

後ろ脚としっぽと後ろ半身

　犬の体のバランスを見る上で注目したいのがしっぽです。人間にはしっぽがないのでどうしても見落としがちですが、しっぽと後ろ脚は腰骨を通して影響し合っています。後ろ半身が上手に使えることで、犬の心身の健康状態が良くなります。以下に後ろ脚としっぽと後ろ半身について、バランス・ドッグマッサージにおけるポイントをまとめましたので、施術の参考にしてみてください。

◎**後ろ脚**

・地面の蹴りがしっかりしているか、ひざも曲げているかを見る
・左右の幅が狭いのは、筋肉不足。運動させる（走らせる）こと。
　特に起伏のある場所を走らせるのが良い。
　自転車を引く運動は、リードの負荷が
　全く掛からない様ならOK。
　リードの負荷が少しでも掛かる様だったら、
　姿勢のバランスが崩れるので注意
・後ろ脚が上手に使えることが、
　心のバランスにも、
　体のバランスにも重要
・犬も人間と同じ様に、後ろ脚から弱る

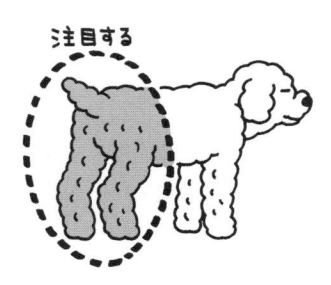

◎しっぽ

- 歩いているときにほど良く動いているか
- コンシャステクニックで触ったときに、
 つけ根から先まで力の入り具合を確認する
- 全て均一にほど良く意識できているのが理想
- 意識できていないと、心のアンバランスさだけでなく、
 歩行に悪影響を与える
- 歩けない犬もしっぽを使える様になるだけで、
 歩ける様になることがあることを知っておく

◎後ろ半身

- 腰、しっぽ、後ろ脚をまとめて
 後ろ半身とみなす（後ろ半身3点セット）
- 触ろうとすると座る犬、何かの拍子にすぐ座る犬、
 必ず人の方を向いて座る犬は、後ろ半身が意識できていない
- 後ろ半身が意識できていないと、
 心のアンバランスさを招くだけでなく、
 歩行が困難になりやすい
- 後ろ半身に意識をもたせる施術を行う
 ことで、理性の器を大きくすることが
 でき、健康増進にも役立つ
- 人間で言う「足腰」が犬の後ろ半身。
 老化が進まない様ケアする気持ちが大切

III

タイプと目的に応じたケーススタディ

1
コミュニケーションとしての バランス・ドッグマッサージ

　バランス・ドッグマッサージは、愛犬とのコミュニケーションツールとして、大変優れています。体をほぐしてあげるだけでも、深い愛情の交流ができます。

　犬をなでるときには、頭を中心になでがちですが、バランス・ドッグマッサージを実践する際にはぜひ、頭だけでなく全身をなでるように意識して欲しいと思います。あまり触られない、脚や腰、しっぽをやさしくなでられることで、愛犬の心は穏やかに落ち着いてきます。犬によっては、「ふ〜っ」と、深いため息をつき、そこから深い呼吸が始まります。これは、リラックスできた合図です。

　このときのコツは、犬の顔を覗き込まず、自分の手元を見るようにして、愛犬の毛の感触、体温、皮膚の弾力を手の平で感じる様にすることです。そして、極力ゆっくりとなでます。愛犬が落ち着くだけでなく、自分自身も深くリラックスしていくのが分かることでしょう。双方がリラックスした状態になると、愛情に包まれ、幸せに満ちた時間となります。

　ぜひ、バランス・ドッグマッサージの醍醐味である、「コミュニケーションとしてのバランス・ドッグマッサージ」を心ゆくまで満喫してください。愛犬はあなたの愛情を全身で感じ取ります。

How to

1. なるべく邪魔の入らないゆっくりできる時間、ハーブティーやお茶を飲んだ後がおすすめです。飲み物の香りが犬を落ち着かせるのと、何よりも飼い主がリラックスしているのを犬は感じ取ります。

2. 息を多めに吐く様な声、低めの声で、「今日もおつかれさま〜」「大好きだよ〜」などと語尾を伸ばすようにして、声をかけながら、**手の甲で犬の首・肩辺りをゆっくりなでます。**

※30cmを5秒で進むくらいゆっくり。マッサージの"ごあいさつ"です。

今日もおつかれさまー

3. コンシャスを全身に施し、余力があれば、耳マッサージ、リリース、フレックスなどを行います。時間のないときは、2とコンシャスで頭からしっぽまでゆっくりひとなでするだけでも十分コミュニケーションがとれます。

☆ほんの少しでも、この「コミュニケーションのバランス・ドッグマッサージ」を毎日施術してください。無駄吠えの軽減、怖がりの改善に効果てきめんです。

2

シニア犬への
バランス・ドッグマッサージ
（歩行のためのケア、ヘルニアの犬にも）

いきいきと散歩できる様になることを目指すマッサージについてです。

人が老化とともに足腰が弱る様に、犬も腰、後ろ脚から筋力が衰えてきます。犬の歩行について考えたとき、犬が人と違う点は、四足歩行であることともう一つ、"しっぽがあること"です。

実は、この"しっぽ"は、犬が快適に歩くために重要です。後ろ脚のケアには後ろ脚だけでなく、しっぽのケアとしっぽと後ろ脚をつなぐ腰骨のケアをあわせて行う必要があります（ちなみに、断尾犬種で断尾しなくても良いのなら、断尾しない方が。また、断尾しなくてはならない場合でも、一つでも多くの骨を多く残して断尾した方が、歩行が安定します）。

また、後ろ脚が弱ると前脚とそれに続く肩甲骨に大きな負担が掛かります。疲労の軽減のために、肩甲骨周辺から前脚にかけてのマッサージを行うのも非常に効果的です。

これらのケアのためのバランス・ドッグマッサージを行うと、犬は一気に気持ちが若返り、表情がいきいきとして遊び始めたり（久しぶりのおもちゃで遊ぶなど）、散歩のときも気力が充実し、自然と距離が延びるなどの効果があります。

How to

1. 次の順にコンシャスを行う。
・頭→首→背中→しっぽ
・頭→首→背中→後ろ脚→後ろ脚の足先

2. 腰、しっぽ、後ろ脚、後ろ脚の内ももにていねいなコンシャスを行う。

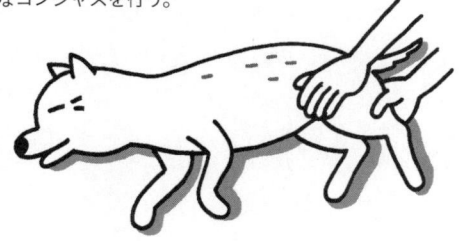

3. スタンディングウェーブを全ての脚に行う。

4. 歩行時に、背骨〜しっぽまで上手に使える様に、スネークタッチを行う。背骨〜しっぽが上手く使えると、脚への負担が減ります。

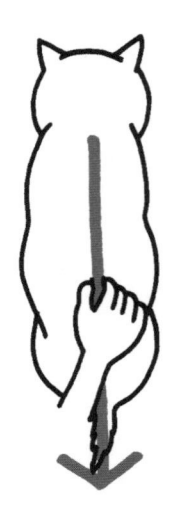

5. ショルダーリリース、ショルダーフレックス、前脚へのリリースとフレックスを行うことで、前脚の疲労を軽減する。

6. 家でゆっくりと寝そべっているときにはストロークを行い、代謝の手助けを行う。

3

無駄吠え、怖がり犬へのバランス・ドッグマッサージ

　マッサージで無駄吠えがなくなると聞くと、意外に思われるかもしれません。しかし、マッサージを受けて、体のこわばりがなくなったり、体が十分に使える様になったり、人からの愛情を感じることで、無駄吠えしなくなる犬は多いのです。

　無駄吠えをしたり、怖がりの犬は、たいてい首や肩のあたりがこわばっていて、口周りも緊張しています。また、緊張して歯を食いしばっている犬の口の中に指を入れると乾いているのが分かります。

　そのほかにも、前脚の左右の幅が狭くなり、肩甲骨がせり上がり、浅い呼吸が慢性化していることも多く見られます。また、しっぽを含む後ろ半身に無意識に力が入っていたり、逆に力が抜けていることが多いのも特徴です。

　このマッサージは、シャンプーやトリミング、お預かりや保護施設の犬にも活用できます。

How to

1. 首と肩をリリース、フレックスしてほぐします。たっぷりとほぐすことで、深く呼吸ができる様にします。深い呼吸は精神の安定をもたらし、無駄吠えを軽減し、不安感から解放します。

2. マズルや口唇を指でゆっくりとなでる様に、コンシャステクニックを行います。口元を意識させる様にするつもりで行います。

※外出先で緊張しているときに、手軽にできるのでおススメです。

3. 前脚の左右の幅が狭い犬には、スタンディングウェーブを行い、左右の脚を肩から垂直に下ろした場所に足先を置くようにします（左右幅を適切に整える）。

4. 頭からしっぽまでつなぐようにコンシャステクニックを行った後、後ろ脚の太ももを両手で挟む様にコンシャス。このとき、特に内ももにていねいに行う（怖がりの犬は内ももに無意識の緊張があります）。

5. 耳マッサージも適宜行う。耳マッサージは、リラックスさせたいときならどんなときでも行えます。

☆理性の器で、ドキドキを受け止める容量を増やすために、日常のルーステクニック、つまり、声の掛け方や、リードの使い方、飼い主の日常のリラックスなどを心掛けることがなにより大切です。

4

しつけの質を高めるための バランス・ドッグマッサージ
（興奮しやすい犬にも）

　バランス・ドッグマッサージは、犬のしつけの補助としても使えます。「幼児の知育みたいですね」という感想をいただいたことがありますが、バランス・ドッグマッサージをすることで、犬に落ち着きや理解力が備わってきます。

　しつけとは、犬が人とくらすために必要な"ふるまい"を教えることです。教えられたことを判断し理解し、覚えて、行動に落とし込む力が、犬に必要になってきます。人でも落ち着きがなくそわそわしていたり、周りに気が散っていれば、聞く力は落ち、覚えるべき事柄も覚えられずに、本来の力を発揮できないことでしょう。

　犬がこれらの力を最大限に発揮できる様にするために、バランス・ドッグマッサージでは、犬の理性の器を大きくすることを中心に施術し、心身のバランスを整えることで、利発さを発揮できる様にしていきます。例えば、「マテ」という言葉を聞ける様にし、「マテ」とは何かを判断できる様、飼い主が何を褒めているのかが理解できる様にしていきます。

How to

1. 日常的に"ドキドキ"を減らし、体をほぐすマッサージ（リリース、フレックス、スキンローリングなど）を行う。特にそわそわ落ち着きのない犬は、呼吸が浅くなっていますので、肩周りのマッサージをていねいに行いましょう。

2. ふだんの生活の中で、アンバランスな姿勢になることがないか、よく観察する（ポスチャーテクニック）。

3. 特に姿勢が崩れたときに、全身のコンシャステクニックや、スタンディングウェーブを施し、理想的な姿勢になる様"促し"ます（矯正ではなく、体にアドバイスする様な感覚で行うとうまくいきます）。

☆これらはしつけの練習の前に行うのはもちろんですが、日常の中に取り入れる方が効果があります。
☆何に興奮しているかが明確なときは、その対象物、事象物があるそのときに、4本の足でしっかりと地面を踏みしめて立っていられる様にするのを目標に、上記のマッサージを行うと良いでしょう。

例）散歩で他の犬とすれ違うたびに、遊ぼうとしてリードを引っ張って
　　キュンキュン鼻を鳴らすケース

　この場合、ふだんからマッサージしているのはもちろんですが、散歩中、向こうからほかの犬が来ているのを飼い主が先に見つけ、なるべく愛犬が興奮し出す前に、全身にコンシャステクニック、スタンディングウェーブを施したり、しっぽにコンシャステクニック（近づく犬を見つけてブンブンふり始めた場合は、しっぽをお尻側になでつけてふれない様に、いったん押さえると良いでしょう）を行う様にして、全身に意識を持たせた状態で、その犬とすれ違わせる様にします。

　全身に意識をある程度持ちながら犬とすれ違うという経験ができると、次から興奮の程度が低くなる、あるいは興奮しなくなる、ということが起きます。これはどういうことかというと、全身に意識を持つことで、"理性の器"が大きくなり、犬が近づいてくるという"ドキドキ"を受け止められる様になったということなのです（深い呼吸ができることも非常に大切なので、ふだんから肩を中心に体を柔らかくしておくことも忘れない様にします）。

5

スポーツドッグのための
バランス・ドッグマッサージ

　アジリティー、フリスビー、ドッグダンスなどのドッグスポーツを行っている犬は、体の損傷を防ぐためにも柔軟である必要があります。また無理なく動くためには関節の可動域が広いこと、満足にスポーツを楽しむためには足先まで意識して動けるのが理想です。

　これらの理想をかなえるためにはバランス・ドッグマッサージが役立つため、今日まで何人ものドッグスポーツ愛好者が、私の講座を受講されたり、バランス・ドッグマッサージのセラピストのセッションを継続して受けています。

　日々のケアで体のすみずみ、足先やしっぽの先まで、上手に体を使える様にするのはもちろん、見落としがちだけれども非常に重要な背骨もきれいに使える様にしていきます。そしてスポーツ前には体全体に活力を与え、地に足のついた状態に、スポーツ後はゆっくりとしたリズムで筋肉をいたわり、リラックスモードへと導く様にします。

How to

1. 体の柔軟性を高め、維持するために、日常的に全身のリリース、フレックスを行う。運動量の多い犬は特に後ろ脚の太もも、ひざ下後ろ側の筋肉、肩、胸部の筋肉が発達しているのでこれらの箇所にはていねいに行う。

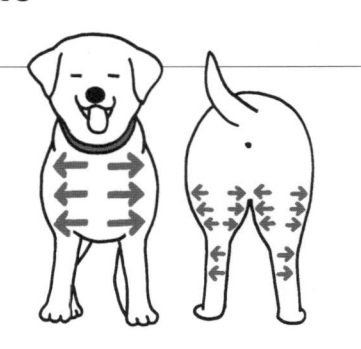

2. 全身すみずみまで意識して動かせる様に、日常的に全身にコンシャステクニックとスネークタッチを行う。

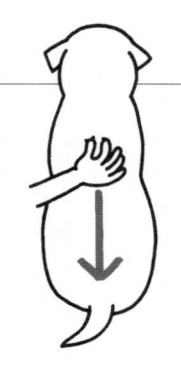

=== 〈スポーツ前〉 ===

3. 早いリズムでリリース、またはフレックスを全身に行い、活力を与える。強くなり過ぎない様に注意して行います。

4. ゆっくりとしたコンシャステクニックで、全身の輪郭を意識させる。特に、後ろ脚の内ももと4脚の足先、足裏をていねいに行う。

5. スタンディングウェーブをごくごくゆっくりと行う（ゆっくりであればあるほど効果的）。足首や足指もていねいに曲げ伸ばしする様に行う。このとき、「こんなふうにも脚は動かせるんだよ〜」などとゆっくりとした調子で声を掛けるのもおすすめです（より脚を上手に動かせる様になります）。

85

6. 背骨からしっぽまで、きれいに動かせる様にするために、スネークタッチを行う。

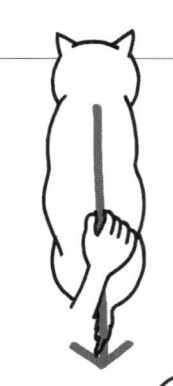

=== 〈スポーツ後〉 ===

7. ゆっくりと全身にリリース、フレックスを行い、疲れた筋肉をいたわり、メンテナンスする。

8. 少し強めの圧でストロークを始め、徐々に弱くしていき、体を落ち着かせる。

9. 耳のマッサージでリラックスさせて、最後に全身コンシャステクニックを行い、心と体をまとめていく。

column

「犬が犬らしくふるまうこと」の大切さ

　犬種や年齢によって異なるマッサージをするのかどうかと聞かれることがありますが、答えはノー。バランス・ドッグマッサージでは、犬種や年齢にとらわれずに、個々の犬の体つき、個性を見て施術します。

例えば、

- **肩甲骨がせり上がっている**
  （左右の肩甲骨上部がくっつくほど中心に寄っている）
- **お腹が硬い**
- **前脚の左右の幅が狭い**
- **猫背気味**
  （背骨が上側に弧の字に曲がっている）
- **しっぽのつけ根に力が入り過ぎている。
  または、しっぽが脱力し過ぎている**
- **リリースがうまくできないくらい、
  筋肉の表面がカチコチに硬い**

といった、緊張による特徴をもった体つきの犬に出会うことがあります。そしてこの様な犬の生活環境には、次の様な傾向があります。

- 土にほとんど触れることのない
  都会に住んでいる
- マンションの高層階に住んでいる
- バッグ、カートで
  運ばれる時間が長い
- 抱っこされていることが多い
- 超小型犬で、自宅でも床ではなく、
  ソファやテーブルの上に
  置かれていることがよくある

　こういった犬は、よく観察してみると、足先がフワフワしている様に見えたり、バレリーナの様につま先で歩いている様に見えることも多く、肉球を触ってみると、とても柔らかかったりします。

　日本は住宅事情のせいもあり、大型犬よりも小型犬の方が圧倒的に多いので、犬は抱くのが当たり前で、肉球が柔らかくても違和感を覚えないかもしれないのですが、どんなに小さい犬でも、犬は犬。犬という生き物であるということを忘れない様にしたいものです。

　冒頭の「犬の7つの権利」にもある、土や草を踏みしめる機会を作ったり、臭い嗅ぎや、土を掘るなど、犬として犬らしくふるまわせてあげて欲しいと思います。これらは犬としての自然な姿であり、楽しみでもあり、心身の健康にとって欠かせない事柄だからです。

　そのためにもぜひ、季節を楽しむ散歩をしてみてください。

・春は、芽吹きの香りや花のほのかな香り、
　まだ冷たい地面に草が生えてくる感触
・夏は、雨でぬれる地面の臭い、
　日なたと日かげの地面の感触
・秋は、落ち葉や木の実の臭い、
　落ち葉をカサカサと踏みしめる感触
・冬は、冷たい風の臭い、
　雪で音も臭いも消える感覚
・そのほか、風に運ばれる、
　美味しい臭いや、ほかの犬の臭い

　私の愛犬トニー（いまは天国に行ってしまいましたが）との体験ですが、東京の都心ぐらしとはいえ、公園の多い場所で生活をしていたので、なるべく土に触れ、季節を感じる散歩をしていました。それでも、ほんの少し背中が盛り上がり、猫背気味で、上から見たときに左右の肩甲骨の幅が狭いのが気になっていました。

　休日には車で遠出をし、広い浜辺を思いっきり走ったり、高原でくつろぎ、自然の臭い嗅ぎを楽しむ機会を作る様にしていました。こういった自然を感じた後は、トニーの背骨は、ほど良くリラックスし、硬さがなくなり、肩甲骨の左右幅も広くなりました。都会でどんなにマッサージしてもなくならない硬さが、犬らしさを満喫することで一瞬のうちに取り除かれることは、私に「犬が犬らしくふるまうこと」の大切さを教えてくれたものです。

　人が犬に惹かれるのは犬が人に自然を感じさせてくれるからだという人もいます。人に一番近い場所にいる犬。自然を感じさせてもらっている分、犬には犬らしいときを過ごさせてあげたいものですね。

他にもあります！駒草出版の動物本

犬も猫も、そして人も、すべてに生きる権利がある。

好評3刷！

野宿者と暮らす動物を無料で往診する女性獣医師が、動物医療の視点から野宿者を描く渾身のドキュメント。捨てられる動物を見捨てられない野宿者たち。肩を寄せ合い生きて行く彼らを厳しい現実が襲う。

『野宿に生きる、人と動物』
なかのまきこ 著
四六判・並製/255ページ 本体:1,600円+税

犬の問題行動の原因は飼い主にあった──

愛犬家が、陥りがちな失敗例を紹介し、その解決方法を伝授。人間側の行動を正せば愛犬が名犬になるという独自の方法論から、「しつけ不要」の画期的な犬の育て方を徹底アドバイスする。

『愛犬の個性を伸ばすしつけの本』
三浦健太 著
四六判・並製/211ページ
本体:1,500円+税

アメリカに渡った
女性獣医師が出会った
10通りの
「さよなら」のかたち

動物の終末医療の現場を通して見えてくる飼い主と動物との関係。いつかは訪れる最愛の動物たちとの別れについて考えるきっかけとなる一冊。

『Sayimg Goodbye (セイングッバイ)
Dr.ゆう子の動物診療所』
西山ゆう子 著
四六判・並製/176ページ
本体:1,400円+税

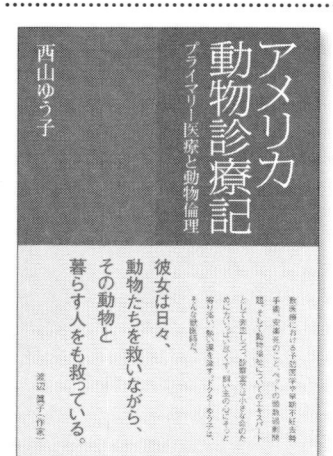

....

海を越えた
動物のお医者さんの、
20年に渡る
アメリカでの軌跡

本当に動物のためになる医療がしたいと海を渡った女性獣医師が、米国の動物医療現場を克明に綴る。共に働くスタッフの姿などを通して、日本の動物たちの未来が見えてくる。

『アメリカ動物診療記
プライマリー医療と動物倫理』西山ゆう子 著
四六判・並製/216ページ
本体:2,000円+税

書店様にてご注文いただけます

お問い合わせはこちらまで

駒草出版 株式会社ダンク 出版事業部
〒110-0016 東京都台東区台東1-7-1 邦洋秋葉原ビル2F
http://www.komakusa-pub.jp/　Tel.03-3834-9087　Fax.03-3834-4508

理解を深める
ワークブック

バランス・ドッグマッサージの基本についての知識を、問題を解きながら確認していきましょう。

1. バランス・ドッグマッサージで期待できる効果については○、効果が期待できないものについては×をつけなさい。

① 怖がりの傾向が軽減する。　　　　　　　　　　　（　　）

② 飼い主のことが好きになる。　　　　　　　　　　（　　）

③ 触られるのが平気になる。　　　　　　　　　　　（　　）

④ 毛ヅヤが良くなる。　　　　　　　　　　　　　　（　　）

⑤ 興奮して吠えるのが減る。　　　　　　　　　　　（　　）

⑥ 医者の代わりの治療になる。　　　　　　　　　　（　　）

⑦ 医者の指示なく薬を止めることができる。　　　　（　　）

⑧ 代謝が改善する。　　　　　　　　　　　　　　　（　　）

⑨ 落ち着いた犬になる。　　　　　　　　　　　　　（　　）

⑩ シニア犬の歩行を楽にすることができる。　　　　（　　）

〈解答〉
①○　②○　③○　④○　⑤○　⑥×：バランス・ドッグマッサージは日常のメンテナンスで行い、病気は獣医師のもとで診断・治療しましょう。⑦×：バランス・ドッグマッサージは自然治癒力の向上、健康維持に役立ちますが、薬の代わりではありません。
⑧○　⑨○　⑩○

2. あなたが愛犬にバランス・ドッグマッサージをすることで、「こうなったらいいな」と思うことを書き出してください。

〈解答〉
ここで書き出したことに変化が起きているかどうか、これから観察してみましょう。

3. バランス・ドッグマッサージで整う3つのこととは何ですか。

①

②

③

〈解答〉
①犬の心のバランス　②犬の体のバランス　③犬と飼い主の関係のバランス

4. バランス・ドッグマッサージ的「犬の7つの権利」(by 松江香史子)についてです。（　　）を埋めてください。

私たち人間と長くくらしてきた犬たちには……

① 「（　①　）と必要な水と食べ物を与えられる」権利があります。

② 「十分な運動と十分な（　②　）を与えられる」権利があります。

③ 「愛する飼い主と（　③　）を過ごす」権利があります。

④ 「新鮮な空気を吸い、（　④　）を踏みしめる」権利があります。

⑤ 「人間社会の中でどのようにふるまったらよいか（　⑤　）」

　権利があります。

⑥ 「（　⑥　）として（　⑥　）らしくふるまう」権利があります。

⑦ 「（　⑦　）を味わうことなく天国に旅立つ」権利があります。

〈解答〉
①心地よい寝床　②楽しみ　③特別な時間　④土や草　⑤教わる　⑥犬　⑦不必要な苦しみ

5. あなたの思う「犬と飼い主」の理想的な関係とは
どの様なものかを文字にしてみましょう。

〈解答〉
理想の関係は人それぞれ。どの様な記述でも正解です。

6. 理性の器についての下記の記述で、
正しいものには○、
間違っているものには×をつけなさい
（×の場合はその理由も考えてみましょう）。

① 理性の器の大きさは犬によって違う。　　　　　　　　（　　）

② 理性の器の大きさは犬種によって決まる。　　　　　　（　　）

③ 理性の器に入ってくるのは
　　犬にとってドキドキする事柄だ。　　　　　　　　　（　　）

④ 理性の器をあふれさせる刺激は
　　飼い主によって生じることがある。　　　　　　　　（　　）

⑤ ちょっとした刺激ですぐ吠える犬は、
　　理性の器が小さいといえる。　　　　　　　　　　　（　　）

⑥ 理性の器が大きいと人を見下す様になる。　　　　　　（　　）

⑦ 理性の器が小さい犬は、
　　人に服従しやすいため、扱いやすい。　　　　　　　（　　）

⑧ バランス・ドッグマッサージでは、
　　問題行動の有無を理性の器の大小ではかる。　　　　（　　）

⑨ 理性の器からあふれた犬には
　　大きく分けて4つのタイプの反応が見られる。　　　（　　）

⑩ よく吠える犬は、理性の器があふれている　　　　　　（　　）
　　可能性がある。

〈解答〉
①〇

②×：犬種は関係ありません。先入観なくそれぞれの犬をしっかりと観察することが大切です。

③〇　④〇　⑤〇

⑥×：バランス・ドッグマッサージでは、人を見下す犬はいないと考えます。犬は人間に対して、自分を守ってくれる人か脅威を与える人かという見方をしていますので、人をバカにするとか、人の上に立ってやろう、と考えることはありません。また、理性の器が大きいとちょっとしたことでは動じないものです。人とのコミュニケーションも落ち着いてとれるようになりますし、犬の性格によっては、自分で考えて行動する様にもなります。犬と人の関係を上下関係でとらえると、自分で考えて行動する犬は「言うことを聞かない犬」と解釈され、頭が悪い犬と言われることもあります。これは動物を人間の思い通りに調教するのを良しとした時代の名残です。

⑦×：理性の器が小さい犬は、怖がりであることが多いもの。理性の器が大きい犬は、「自信のある犬」と言われる様な犬でもあります。「自信のある犬」より「自信のない犬」の方が服従しやすく、飼いやすいと言われる考え方もありますが、犬とのくらしは、支配と服従の関係ではなく、守り守られることから生まれる信頼と深い愛情の関係です。また、理性の器が小さい犬は、理性の器を大きくすることで、日常生活の中でドキドキして反応することが減り、毎日の暮らしが穏やかなものになります。

⑧×：まずバランス・ドッグマッサージでは、犬の行動に対して「問題行動」という視点は持ちません。理性の器の考え方を理解し、犬の気持ちに立った視点を持てる様になると、「問題行動」という視点から、「矯正」という考え方が生まれ、「理性の器」という視点から「思いやる」という気持ちが生まれることがより深く理解できる様になるでしょう。

⑨〇　⑩〇

7. 次の記述のうち、
理性の器があふれた「4つの反応」に
当てはまるものには〇、
当てはまらないものには×をつけなさい。
また、その理由を簡単に述べなさい。

---

① チャイムが鳴った後、我を忘れて吠え続ける。　　　　（　　）

理由：
---

② チャイムが鳴った後、ワンッと1回だけ吠える。　　　　（　　）

理由：
---

③ 散歩中、行きたい方向に行くために
　座り込んで動かない。　　　　　　　　　　　　　　　（　　）

理由：
---

④ 散歩中、苦手な犬に出会って動かなくなる。　　　　　（　　）

理由：
---

⑤ 犬とすれ違うときに、
　遊びたくて引っ張り、飛び上がりながら吠える。　　　（　　）

理由：
---

⑥ 犬とすれ違うときに、
　後ずさりしたり、飛び上がりながら吠える。　　　　　（　　）

理由：
---

⑦ 子犬の時期に家具をかじる。　　　　　　　　　　（　　　）

理由：

⑧ 留守番中家具をかじる。　　　　　　　　　　　　（　　　）

理由：

⑨ 自分の顔に近づいた
　　飼い主の手をとっさに咬む。　　　　　　　　　　（　　　）

理由：

⑩ 飼い主に叱られると
　　自分のしっぽを追いかけてクルクル回る。　　　　（　　　）

理由：

⑪ トリミング台や診察台の上で固まる。　　　　　　（　　　）

理由：

⑫ しつけの練習をしているときに、飽きて動かなくなる。　（　　　）

理由：

⑬ 飼い主の帰宅に喜び、飛び跳ねがなかなか止まない。　（　　　）

理由：

⑭ 飼い主が帰宅したときも、
自分のベッドから出てこない。　　　　　　　　　　（　　　）

理由：

⑮ 飼い主と一緒に寝るのが好き。　　　　　　　　　　（　　　）

理由：

〈解答〉
①○：チャイムが刺激になり、理性の器からあふれた反応として吠えている（攻撃、おびえ、おどけているなどと考えられる）。

②×：犬らしい行動。吠え続けている場合のみ、理性の器からあふれている可能性を考えると良い。

③×：自分の意思を伝えようとしている行動。愛犬の座り込みを楽しむのが好きならば座り込みを楽しむのも良いですが、「座り込んでも私が行きたい方に行きますよ」と教えるには、例外を作らないというしつけをしましょう。

④○：苦手な犬が刺激になり、理性の器からあふれた反応として、固まっている。

⑤○：好きな犬が"うれしいドキドキ"（うれしいことも刺激になる）を引き起こし、理性の器をあふれさせ、その反応として飛び上がったり吠えている（おどけている）。

⑥○：犬との出会いが刺激となり、理性の器があふれた反応として、吠えている。この様な犬の飼い主は自分の犬が攻撃的であると思い込んでいることがよくあります。しかし、攻撃的なのではなく、怖がりの反応で吠えていると知ることで、愛犬への思いやりが増すでしょう。

⑦×：子犬は家具を破壊するものです。ちなみにアメリカでは、家具を破壊されたくないけれども犬を飼いたいという人は、子犬から飼うのではなく、トイレトレーニングのできた成犬を引き取るという選択をします。日本には、子犬からでないとなつかないという考えがありましたが、成犬になってから引き取り、飼い主と楽しくくらしている犬はアメリカにも日本にもたくさんいます。

⑧○：ひまであるとか寂しいというストレスで、理性の器があふれ、反応として、家具をかじっている（おどける）。

⑨○：飼い主の手が刺激となり、理性の器があふれた反応として咬んでいる（おびえる、攻撃）。

⑩○：飼い主に叱られたことが刺激（ストレス）となり理性の器があふれ、おどけた反応。

⑪○：トリミング台、診察台の緊張が刺激となり理性の器があふれ、反応として固まっている。

⑫×：ただ単に飽きたか、ほかのことをしたいということを表現しているか、疲れて動かなくなっているだけ。それぞれ飽きる前にやめる様工夫する、しつけの練習中はその気持ちは受け入れられないと"一貫した"態度で示す、休ませる様にすると良い。

⑬○：飼い主の帰宅がうれしい刺激（うれしいことも刺激・ストレスになる）となり、理性の器があふれた反応として、飛び跳ねている（おどけている）。
とてもかわいいのですが、この様な犬は怖がりであることも多いので、理性の器を大きくすることで飛び跳ねや怖がりの度合いを減らしてあげましょう（喜び過ぎる犬は心臓が弱いことも多いので、バランス・ドッグマッサージで理性の器を大きくすることにより、体もいたわってあげたいものです）。

⑭×：性格です。もちろん犬にもいろいろな性格があります。

⑮×：飼い主がいやでなければ、一緒に寝るのは大いに結構。犬を人の布団に上がらせたら、飼い主をバカにするようになる、ということはありません。ちなみに、この様に犬とのくらしを上下関係でとらえている場合、「犬にマッサージしてやると犬が飼い主より上だと勘違いする」と思いがちです。当然、バランス・ドッグマッサージで愛犬が飼い主のことをますます好きになることはあっても、飼い主を支配してやろうと思うことなどあり得ません。

8. 愛犬や知人の犬について、どの様なストレス／刺激を受け、どの様な反応をしているのか、書き出すことで、理性の器について理性の器についての理解を深めましょう。

どの様なストレス／刺激で		どの様な反応するか
(例) 散歩中、オートバイの音を聞く	→	首をすくめ、しっぽも丸まり、動かなくなる
(例) パパが帰宅すると	→	クッションをふり回しながらダンスする
	→	
	→	
	→	
	→	
	→	
	→	

〈解答〉
どの様な解答も正解です。理性の器の考え方を通して、犬と飼い主について考えてみる機会にしてください。

セルフチェックシートの使い方

① まず、本書を読んでマッサージしているイメージが頭に描ける様にします！
② 本書で学んだ触り始めのコツやタイミングに注意し、マッサージを始めます。
③ ほど良いタイミングでマッサージを終え、ひと息。愛犬の様子を観察する。
④ 観察を終えたら、この「セルフチェックシート」に書き込みます。
⑤ 翌日などに気づいた愛犬の変化も書き込みます。

記入例) 下記の例を参考に書き込んでいきましょう。日記の様に自由に書くのがポイント　　　です。

日付	時間	施術中気づいたこと、自己評価など（前回との比較も）	施術後気づいたこと（当日でも翌日以降でも）
7/10	22時〜約10分	肩の前の方が後より硬かった。硬いところを触ると気持ち良さそうに目を閉じる。凝っているのだろうか。	マッサージを終えてすぐの変化はわからない。散歩が楽しそう！（11日）
7/15	20時〜約20分	なんとなく前よりも柔らかくなった気がする。前回は、ちょうど良い強さを探すのに苦労したが、今回は最初からちょうど良い強さでできた。ゆったりマッサージ、長めにできた！	マッサージを終えて脱力したまま寝ている（うれしい）！なんかすごく互いの愛情が深くなった気がする。
7/16	10時〜約5分	昨日うれしかったので、今日は朝からやってみた。家事の合間だったせいか、昨日ほどリラックス（私も）できなかった（しかも途中で逃げられた。涙）。やはり、自分が落ち着いている時間にやらねば……。	いつも通りの昼寝をしている。
7/23	21時〜約30分	今日は照明を落として音楽をかけてプチ瞑想してから始めた。いいマッサージとは何か、というのがなんとなく感覚でわかってきた。30分でずいぶん肩の周りが柔らかくなったのがはっきりわかる。	完全に寝ている。大きい犬とすれ違っても吠えなくなった！　びっくり（24日）。
8/3	21時〜約10分	はじめてほかのマッサージ（ウェーブモーション）も同じ時間にやってみた。肩がゆるむと、後ろ脚の力が抜けてマッサージしやすいことが分かった。次もいろいろ組み合わせてみたい。	今回も完全に寝ている！「きれいね」と言われることが増えた！　うれしい（マッサージのおかげ？）（5日）！

★このマッサージを行ったときに感じ取ったことをメモしておきましょう。
またマッサージを始めてから気づいた変化もメモしましょう。
※**本ページをコピーして使ってください。**

日付	時間	施術中気づいたこと、 自己評価など（前回との比較も）	施術後気づいたこと （当日でも翌日以降でも）

あとがき

　家族としていつも一緒、仕事中もいつも寄り添ってくれていた愛犬トニーが亡くなったのが2015年1月13日。今日からちょうど1年前になります。編集の内山さんから、「トニーへの想いを含めてあとがきを書きませんか?」と、声をかけていただいたのが昨年末、そのときから、本書のあとがきは一周忌にあたる2016年1月13日に書き始めようと決めていました。

　仕事柄、犬達とその家族を見つめる機会を多くいただいてきましたが、犬が家族となるタイミング、天国に旅立つタイミングというのは、その家族にとって節目であることが多く、何か意味があるのだろうなと思っています。

　トニーが我が家にやってきたのは、私が結婚と同時に新居に越してすぐのことです。茨城県日立市まで、捨てられていたところを保護されたばかりのトニーを引き取りに行ったのを、甘い記憶として思い出します。トニーとの縁をくれたのは、現在、羊毛フェルト作家として活躍されている佐々木伸子さんと彼女のお姉さんです。その縁を感じ取ってか、当時、佐々木さんの愛犬だったトニーと同じ保護犬で雑種のビックルをトニーはお兄さん犬としてよく慕っていました。

　トニーはどの犬よりも走るのが好きで、特に他の犬をからかいながら、猛スピードで大きな円を描きながら走るのが得意でした。彼ののびやかで、いきいきと走る姿は、私の気持ちをいつも爽快にしてくれていました。トニーの走る姿を眺めるこの時間が私の一番のお気に入りで、いまでも全身をキラキラ輝かせて、私の目を見て機嫌良く笑いながらかけてくる様を、幸せな空気感とともに思い出します。

　よく訪れていた葉山海岸で、夫が大事にしていた帽子を海に流してしまったことがありました。トニーは、泳ぎが得意ではないのに、必死に取りに行こうとしてくれました。飼い主思いの良い犬でした。トニーは特に夫のことを気づかっていたと思います。また、とても仲間意識が強く、大人数で動くロケの仕事では本当に良い笑顔

を見せてくれていました。そういえば、私が海外出張でいないときに、全くものを食べなくなり、どんどん痩せてしまったこともありました。甘えん坊でとても繊細なところがありました。

　私が料理をしていても、パソコンに向かっていても、ふとトニーを見ると、トニーはいつも私をじっと見つめていました。事務所にも一緒に行っていましたが、私が「そろそろ帰ろうかな」と、心で思っただけで立ちあがり、ブルブルッと体をふるい、帰り支度を急かしていました。トニーのあまりの忠犬ぶりに、渋谷のハチ公も、こんな風な性格だったのだろうかと、思ったものです。

　こんな忠犬トニーですが、自分の意思もしっかりあって、天気が良く家での日光浴が楽しめそうな日には「今日は会社に行かない」といった表情と態度で、自分の意思を伝える様なところもありました。散歩の道も、曲がり角で私とトニーとで行きたい方向が違ったときには、よく話し合いをしたものです（たいていは私の行きたい方に行くことになるのですが）。

　トニーとの楽しいエピソードは何ページあっても書ききれないほどあります。しかしこのようなトニーと私の蜜月は、5年でいったん区切りをつけることとなりました。私に妊娠、出産という人生の大きな転機が訪れ、想像以上の子育ての大変さにトニーも巻き込まれることになったからです。神経が細かく、大声でよく泣く息子にてんてこ舞いになる私のそばでじっとがまんをしてくれていて、そのときの目を細めて大変な時間をやり過ごしているトニーの表情はいまでもよく思い出します。相当なストレスが掛かっていたと思います。

　息子が3歳を過ぎるころから散歩も、犬の時間から子どもの時間（遅い時間から早い時間）になり、子どもたちでにぎやかな公園に行く機会が増えました。子どもたちがトニーを触ろうと寄ってくるのを、一生懸命がまんしていました。静かな時間が好きなタイプの犬なので児童公園は特に苦手だったのです。トニーは別の時間に散歩に行ければよかったのですが、夕方以降はトニーだけの散歩の時間を持つことができませんでした。しまいには息子がぜんそくになり、いままで一緒に寝ていたトニー

は別室で寝ることとなりました。これは仲間意識が強く、甘えん坊なトニーにとって相当つらかったことと思います。

　家族構成の変化は、どんな犬にとってもストレスですが、トニーにとっては命に影響するほどの大きなストレスだったのだと思います。息子が4歳の誕生日を迎えてしばらくして、トニーは急性白血病で亡くなりました（亡くなった1月13日は、トニーの大好きなビックルの命日でもあります）。

　トニーのおかげで息子は犬が大好きになり、ロッキーと名づけた犬のぬいぐるみが彼の親友です。このあとがきを書き始めたころ、5歳になった息子が、「トニーはお星様になって、ペガサスになったんじゃない？　ペガサスになって飛んできて、夜はベッドルームにきて一緒に寝てるよ、きっと。朝になるといなくなっているからトニーは早起きだね！」と、言い始めました。トニーの魂は息子の想像力の中に宿って、これからも生き続けるのだと思います。

　ありがとう、トニー。いつまでも、私たちは家族だね。トニーのかっこいい走る姿はいつまでも私の誇りだよ！

　実は、トニーが亡くなった後、バランス・ドッグマッサージのお仕事をお休みしようかと悩んだ時期がありました。そのタイミングで支えてくれた、日本ドッグホリスティックケア協会の小野さん、渡邊さん、朝日さん、高橋さん、そして、出版の声を掛けてくださった駒草出版の石川さん、内山さんに心から感謝しています。ありがとうございました。
　また、この本を手に取ってくださった方とのご縁が、多くの犬を幸せにしますよう、そして、多くの飼い主さんの心が満たされますように。

2016年1月　　松江香史子

著者プロフィール
松江香史子

1971年広島県生まれ。日本女子大学卒業。
一般企業に勤めたのち、愛犬の死をきっかけにドッグマッサージを学ぶためにアメリカへ。日本で初めてドッグマッサージを広めた第一人者として活躍。雑誌、ラジオ、企業商品監修などに携わる。集大成として、犬の心身と飼い主との関係のバランスを整えるバランス・ドッグマッサージを体系化。
著書には実用書『ドッグホリスティックケア』(小学館)から児童文学書『ここにいるよ』(宝島社)まで幅広く、DVDにはバランス・ドッグマッサージのハウツーとして『癒されたいわんこたち』(ポニーキャニオン)がある。日本ドッグホリスティックケア協会 名誉顧問。

バランス・ドッグマッサージ・ハンディテキスト
もっと！愛犬に近づくための3つのテクニック

2016年3月10日　初刷発行

著者	松江香史子
イラスト	島内美和子
発行者	井上弘治
発行所	駒草出版　株式会社ダンク　出版事業部
	〒110-0016
	東京都台東区台東1-7-1 邦洋秋葉原ビル2F
	TEL 03-3834-9087／FAX 03-3834-4508
	http://www.komakusa-pub.jp/
デザイン	漆原悠一(tento)
印刷・製本	図書印刷株式会社

2016 Printed in Japan
ISBN978-4-905447-64-1

落丁・乱丁本はお取り替えいたします。
定価はカバーに表示してあります。